# 推薦序

　　科技的進步帶動商業經濟的蓬勃發展，加速社會結構的變遷，使殯葬業也概莫能外，已經轉變成為專業服務的商業行為。殯葬禮儀為調合於現代生活的社會型態所需，以及殯葬法規與殯葬設施的相關規定，使喪禮趨於簡單化、制式化、短期化的共同特色，傳統的儒式喪葬儀節則日漸式微。

　　因應當代多元化的社會，家庭結構的改變，喪禮的呈現已非過往傳統社會的繁文縟節，亦當順應現今的家庭樣貌與時代潮流，在喪禮儀式的操作面向上予以適時的鬆綁及解放，不應桎梏於以往重男輕女的守舊觀念，應對於兩性平權上予以適當的尊重。

　　現代的社會多已達高知識的教育水準，資訊的流通更是迅速且無遠弗屆，而生死大事是每個人必須面對的重要課題，藉由喪禮的參與經驗來建立對生命的深刻體認。喪禮儀式在表現形態上雖是「重死」，然所傳達與反饋的真正意義，更是「重生」，使家屬在喪禮儀式的操作中，使悲傷心理得以慰藉並尋求一個合乎情理的出口，並體認生命的有限性與使命。因此，

喪禮不單是形而下行禮如儀的操作，更蘊含形而上的的人文意涵及心靈撫慰。

　　由於一般人對死亡的忌諱，不願去正視死亡的議題，使得人們對於死亡的概念與死後殯葬儀式的意涵及處理方式，完全毫無概念。當面對死亡的即將發生，對傳統喪葬禮俗的懵懂，在惶恐悲傷之餘，該如何平心靜氣地著手下一步的處置，在此當下應有心靈的「守護天使」來進行專業的協助。

　　本書是作者以十餘年的心路歷程與專業的學習，傳達給讀者對喪葬禮儀的操作與意涵，有基本的認知與理解，且喚醒一般民眾對喪葬禮俗的關懷與重視。殯葬人是如何基於戒慎嚴謹的態度，來維護逝者的生命及死亡尊嚴，成就亡者的生命價值，並協助家屬為其人生的畢業典禮做最完美的呈現，以達到安生慰死、生死兩相安的圓滿境界。

　　殯葬業雖是專門處理死亡的行業，難免使人有陰森、冰冷的觀感；然而，殯葬人卻必須帶著火熱的心，以「視喪如親」的情懷，去溫暖每一個喪親的家屬，以熱忱來彰顯人性的光輝，使喪親者重拾彩色的人生。


中華全人生命關懷文化協會 副理事長

李日斌

# 自序

　　那天接到出版社通知，要我為自己的這本書寫一篇自序，我的編輯很可愛在訊息上直接幫我註明：

　　「序，就是妳為什麼要寫這本書？」

　　思緒回到十多年前的早上，那天是我第一次在告別式會場工作，剛進入殯葬業的我，對眼前的一切毫無頭緒，只能呆站在旁邊看著其他夥伴忙進忙出，我唯一能做的大概就只有遞杯水或毛巾給家屬或親友來賓，其他的就不敢亂動或亂開口，深怕一個不小心會闖禍。

　　之後隨著日子一天一天過去，一個又一個的案子累積，自己也不知道是從什麼時候開始，我居然愛上了這個行業，對殯葬業產生了熱情、也對自己產生了期許。我從當時的一無所知、逢人就問，到後來自己找資料、找課程不斷的充實自我。當時的我，並沒有想太多，只是做著自己想做的事，直到一個因緣際會，有人鼓勵我可以試試以女性的角度，把我在殯葬業的所見、所聞以及自己的感受寫下來，讓這個彷彿充滿禁忌與神祕的行業，有機會被大家認識。

曾經有人問我，為什麼會對這個行業產生熱情、並愛上這個行業？殯葬業除了給人神祕與禁忌的印象之外，也容易讓人跟悲傷與淚水畫上等號。坦白說，這是個不討喜的行業，不但工作時間不定、日夜顛倒是常態，連我女兒都會跟我抗議：

「媽咪，妳就不能找個正常一點的工作嗎？」

原因說來也算合理，首先，可能是雙子座好奇寶寶，個性使然。但未進入殯葬業以前，我只相信科學。我不反對宗教信仰，也敬鬼神，但是，要讓我「相信」，除非是有很強大的證據。在進入殯葬業之後，很多事情一直在動搖我之前的想法，也讓我對殯葬習俗文化產生了很大的興趣。

我一頭栽了進去，驀然回首已經 10 個年頭！

再來，殯葬業其實是個容易獲得高度成就感的工作，以目前雙北都會區來說，現在的治喪時程大約都在二個禮拜左右，短短的時間除了要代辦各項手續，還要協助家屬做許多大大小小的決定（大至宗教儀式、禮廳大小、葬法，小至答禮毛巾數量或準備給出席來賓親友的餐盒種類），每個環節都沒有出錯的機會與空間，但是當告別式結束、晉塔圓滿之後，家屬的一句感謝或是肯定，就是我這段時間用心付出最好的反饋。常常也有

家屬跟我開玩笑：

「以後 xx 的事情也要拜託妳處理喔！」從家屬變成朋友，也是這份工作帶給我最大的收穫。

有時，也會有人隱晦地問我：

「聽說殯葬業都很黑，妳一個女人怎麼在這個行業生存？」我都會開玩笑的回答：

「我們其實只有穿的衣服黑，其他都很白啦！」

坦白說，剛入行的時候不是沒有經歷過挫折，曾經去廠商拿貨時，因為被人家認為是菜鳥，硬是把我當空氣般的晾在旁邊，足足讓我罰站了快半小時才讓我拿到我需要的東西。但是我認為，這跟我的性別以及殯葬業黑不黑沒有關係，這種欺負新手的狀況應該到處都有。不可否認，殯葬業到目前為止還是陽盛陰衰，男女比例還是有差距，我想這是因為這份工作的時間關係。除非是自己經營的公司，不然第一線的女性殯葬從業人員，尤其在已婚有孩子的狀況下，真的要克服很多的問題，我想，這才是女性在殯葬業比較辛苦的原因，跟殯葬業黑不黑、是不是歧視女性真的無關。反而女性溫柔、細心的特質在這個行業很被需要，也常常遇到家屬希望由女性同仁來服務。

其實要寫這些關於習俗的文章，一開始我也是有很大的疑慮。殯葬文化與習俗跟法律畢竟不同，法律有明確的法條規範，但即使如此，也常常發現一些法條因時空背景關係出現爭議，所以我們有時都會看到大法官釋憲，更何況是殯葬習俗。台灣不大，但卻是一鄉鎮一習俗、一師一法南北大不同，佛教、道教、基督教、天主教等等也各有自己的殯葬文化，再來還有本省、外省、客家等族群習俗差異，所以並沒有制式依歸，在寫這本書的時候，我只是希望把我這些年的眼中所見、心中所想的寫下來。在十多年的執案經驗中，面對一般家屬會問的問題、令人困惑（或不明就裡）的習俗，與其說是要讓大家認識習俗，不如說是想讓大家知道，在我眼中這些習俗的意義，也想讓大家知道，在每個生死離別的故事中，我得到了怎樣的人生啟發？

　　這本書，沒有華麗的文藻、精美的詞句，也沒有吸睛的怪力亂神或靈異故事，這本書裡只有我從業十多年來點點滴滴心路歷程。我以最真實的想法與心情跟大家分享，希望你們喜歡。


　　　　　　　　　　　　　　　　師娘　呂古萍

目錄

# 第一篇
# 當告別來臨時

在臨終及初終階段，家屬除了要強忍悲傷，
也得打起精神面對之後的喪葬程序。
當告別來臨時，我們應該如何預做準備，
才能好好說再見？

# 準備好好說再見——
臨終前的準備

　　生離死別是人生最悲痛的事情，但這就是人生必經的過程。當醫生宣佈，「可能時間不多」時，除了悲傷之餘，還有很多事情要處理。到底有哪些事項是我們必須先注意、提早做準備的呢？

　　當醫生宣布自己的親人時間不多時，如果有熟悉的業者或是配合的禮儀公司，通常我們可以先做個臨終諮詢。先了解應備的物品以及應注意事項有哪些？首先，**要準備親人的衣物、鞋襪**，這些是讓他做出院準備用的。

　　而在醫院，處理相關離院手續時，除了辦出院手續之外，最重要的就是死亡證明。一般我們通常會建議家屬**開立 10 至 15 份的死亡證明**，為什麼需要這麼多的份數呢？因為之後進殯儀館，甚至辦理團、勞保喪葬死亡給付、除戶、銀行結清帳戶、個人保險、相關資產轉移等等，每個事項都需要死亡證明。所以我們會建議家屬在這階段多開幾份，當下在醫院裡開立的程序較簡單，若之後因為份數不夠，要再回去補開立，程序及所需提供的相關文件就會相對比較麻煩。

## 初終的注意事項

首先，我們要決定宗教的儀式。

在宗教儀式決定後，如果要依循傳統佛道教的助念儀式，通常傳統會在往生後助唸 8 個小時。

為什麼助唸需要 8 小時呢？以佛道教的看法來說，這時是往生親人最辛苦的時候，在這個階段是「中陰身」的時期。從字面上解讀，在這個階段是神識（靈魂，註）要脫離肉身的階段，亡者要經歷有如活生生將肉體撕裂般的痛楚，這是往生者最辛苦的時候。這時我們唸佛號幫他助唸，希望他能夠跟著佛祖往生到西方極樂世界去，所以傳統我們會助唸 8 個小時。

而在科學的角度來看待這件事，現代科學、醫學告訴我們：人往生後，器官會慢慢停止功能運作，最後消失的能力是聽力及聽覺，在這個時候我們告訴親人，請他放下罣礙，然後讓他好好地離開。

很多老一輩的長者都會說：「長輩若是離開你們不可以哭，哭了他就會沒有辦法離開。」其原因就是上述，因為他的聽力未完全消失。這時，我們先暫時不要移置大體，先幫他助唸，讓他先輕鬆或是讓他的神識解脫之後，我們才往冰櫃移動，安置到殯儀館暫存。

註：俗稱的「靈魂」，在佛教說法中以神識稱之。

## 引魂立牌位

　　家屬必須事先討論，牌位是要放在殯儀館的拜飯區，或是周邊的私人會館？還是要請回家早晚供奉？放在殯儀館雖然不捨，但早晚有工作人員可以供奉；放在家裡雖然時時都可以看得到，但是否會影響家人作息及心情？是否有足夠的人力早晚供奉？家裡是否方便親朋好友隨時來捻香？一個決定會影響很多人，這些都是家屬需要做事前討論的。

　　所以當醫生宣佈時間不多的時候，家屬是確實需要先做好臨終規劃協調，了解後面的程序之後，才不會在事情發生的那一刻就突然慌了手腳，在倉促間做了一些不必要或是不需要的決定。

# 往生助念

　　上一章有簡單提到，當親人離世時為什麼我們需要做往生助念，這一章則有詳細說明。一般來說，往生助念的時間是從初終到往生 8 小時，在這段時間來進行助念。在佛教的觀念認為，人往生之後，魂魄要脫離肉體，這個脫離時期稱為「中陰身」，這是往生者最痛苦的時候，所以佛教認為，此時不適合移動往生者，我們只能透過佛號助念的方式，來幫助他的魂魄脫離肉身。並且，佛教認為在臨終或初終時期不斷念佛，能幫助往生者正念，眼見、耳聞、心想都是阿彌陀佛，將有助於往生極樂。

　　佛教的作法為念佛經、念佛號，在往生者旁為他助念。民間傳統的儀式會比較不一樣。除了做譴爽、開魂路、燒魂轎之外，可能還會多加一些其他的儀式習俗，例如捧腳尾飯、燒腳尾錢、點腳尾燈等儀式（詳見 P.20）。不管選擇哪一個宗教的作法，其實殊途同歸，最終的目的就是希望往生者能夠離苦得樂，前往生西方極樂淨土，幫助他到更好的地方去。

　　助念的形式，一般來講有三種。

**一、宗教團體協助助念。**

如果平常家屬或是往生者本身有參與一些宗教團體，這些團體就會在往生時來協助助念。

**二、家屬可以自己唸佛號、念佛經。**

或是跟著唸佛機，一起在往生者旁邊替他助念。

**三、專人助念。**

請禮儀公司找師父、師姐來做助念的儀式。

醫學研究認為，聽覺是人往生後最後消失的，所以我們常常聽到老一輩的人說：「你不能在亡者面前哭，你哭他會捨不得走。」或是說電視劇情中也常常會上演長輩往生後，在外地的子女趕回來，明明長輩斷氣了，可是聽到子女的呼喚還會流下眼淚等類似劇情。

## 執案實例

實務上，我也真的遇過好幾次，往生者在經過助念的儀式請他放下罣礙後，他的面容真的是變得柔軟祥和，也許這真的就是證明聽力最後消失的一個表現。

另外一方面，往生助念還有另外一個功能，在以前，**醫療**比較不發達的時代，沒有經過科學儀器證明的情況下，真的有可能對死亡誤判，而往生助念也是在防止死而復生的這件事情。之前盧廣仲在《花甲男孩轉大人》的演出中，裡面就有這個劇段：阿嬤往生且大體已送回家，大家也認為阿嬤走了，但在助念的過程中，阿嬤卻又復活了！！雖然機率不高，但進行往生助念也有避免這件事情發生的功能，不然多冤枉啊。

　　不管你選擇哪一種宗教儀式或助念方式，我都認為，只要誠心真心，往生者一定都能得到幫助離苦得樂、往生淨土的。

# 臨終的腳尾習俗

你有沒有在某些情節看過人家燒「腳尾錢」？在電影《父後七日》裡，有一段情節是孝女跪在地上燒腳尾錢。這是屬於民間傳統的儀式，在剛臨終的階段，若亡者是在家中進行助念，就會有一個燒腳尾錢的儀式。

## 關於「腳尾錢」

**腳尾錢是讓亡者前往陰間的路上方便使用。**

現在因為場地或是殯儀館（尤其是北部）限制，這個儀式越來越少見，因為殯儀館的場地是不允許的。那麼，燒腳尾錢的儀式應該如何進行呢？首先，需要一個大大的鐵桶或鋁盆，放在地上。腳尾錢跟一般燒金紙不一樣，我們平常一般燒金紙，摺好後就置入紙錢桶裡整疊燒，但腳尾錢燒法很特殊，我們要將紙錢對折，讓它成一個倒 V 立體的形狀，燒的時候必須一張接著一張，後燒的前端要疊上前一張的尾端，一張疊著一張，放置於鐵桶中，慢慢環繞成一圈慢慢燒，當它燒了快一圈的時候，再繼續從後面接下來擺放。

為什麼腳尾錢必須一張一張慢慢燒？腳尾錢在習俗上的意義是，燒給亡者，讓他能夠在通往陰間的路上，可以拿來打通關，或是有什麼需要花到錢的地方，方便讓他使用的。如果燒得太快，亡者可能要費盡力氣來追跑，才能完整收取燒給他的腳尾錢，所以必須一張一張慢慢燒。

另一說法是，因亡者初終尚未立魂帛（靈位牌），死後的靈魂暫無棲身之所，為避免靈魂跑遠，所以慢慢燒，也讓亡者慢慢收取。

## 關於「腳尾飯」

**腳尾飯是讓亡者吃飽飯好上路。**

你有沒有看過一些場景，用一個碗，把白飯堆得滿滿、填得尖尖的，上面還放了一個鴨蛋跟一雙筷子，這是什麼意思呢？這就是腳尾飯。目的是要讓亡者吃飽飯可以好上路，他才能夠有力氣可以通往陰間的道路，所以在出發前要先讓他吃飽。
那在白飯上面，為什麼放的是鴨蛋？

在古早年代有一個說法是，人若往生，就是到蘇州去賣鴨蛋了，為了呼應這個說法所以在白飯上放置鴨蛋。希望亡者不

要再留戀人間，在放置腳尾飯時會跟亡者說：

「你要等鴨蛋孵出小鴨後，才可以再回來。」

這就是告訴亡者：

「你要死了這條心，你是不可能再回來了，不要再留戀人世間，因為煮熟的鴨蛋是不可能孵出小鴨的。」

## 關於「腳尾燈」

**腳尾燈象徵能夠為照亮亡者通往陰間的道路。**

點腳尾燈的目的是，要讓亡者可以照亮通往陰間的道路，讓他不至於找不到往陰曹地府的路，所以會另外點腳尾燈。

目前一般通俗的做法是，在亡者身邊唸腳尾經，做臨終助念誦經儀式，有一些比較傳統的民間習俗做法，會做「開魂路」，讓他一路好走的科儀，不過現在因為受限於場地，比較少這樣做，通常只有在亡者的身邊幫他助念，或是腳尾飯、腳尾錢，腳尾燈在北部也較少見到。

# 別再對亡者家屬說「節哀順變」

當有不幸的事情發生時，常看到網友在文章下面致意的留言，諸如「節哀」等，或是其他關心、慰問的語詞。

關於「節哀」，這個語詞的由來是來自於《禮記》（註）。《禮記》裡有一句話：「喪禮，哀戚之至也；節哀，順變也。」大家會說節哀二字，就是出自於此。可是，現在大家常常順口說出的「節哀」或「節哀順變」，這個「節」並非我們一般認為的「節制」哀傷，使哀傷停止哦！

我知道大家想表達的意思是傳達關心慰問，希望對方節制哀傷、不要過於傷心之意，可是在出處來看則並非原意。這句話真正的意思是，節哀的「節」是屬於節文或規範，因為在以前的傳統社會，喪葬禮俗中的所有行為都是有節文來規範的，這個「節哀」是要告訴／提醒大家：「我們必須要按照禮節、儀式的規範，來表達我們的哀傷。」

節哀「順變」，則是提醒我們要「順應變故」。

意為，發生不幸的事情，我們必須照著禮節的規範，來舒發我們喪親的悲慟，並且順應這個親人離去的事實，而且「不

---

註：語本《禮記‧檀弓下》：「喪禮，哀戚之至也；節哀，順變也，君子念始之者也。」

能以死傷生」，或因為一個親人的離開，然後就亂了我們所有的生活作息。這才是這句話真正的意義。在古早時代，一切都是遵照古禮在進行，譬如：什麼時候入殮？什麼時候哭？一天可以哭幾次？什麼時候吃什麼食物？衣服怎麼穿？這些都是有節文規範，也是「節哀」這個用詞的出處。


## 師娘碎碎念

我並不太認為哀傷是可以節制的。在我尚未深入去學習這些禮俗之前，也還並不知道「節哀」真正的意思時，我其實就不太喜歡用這個詞來安慰我的家屬。那如果我認為哀傷是不能節制的，通常我要怎麼安慰我的家屬呢？

我可能會跟他說「加油！」或「來，我陪你一起！」，讓我們一起加油走過這一段哀傷的路程，這樣的話語聽起來會不會讓人家覺得比較溫暖，或是比較有同理的感受呢？傷心難免，要勉強「節哀」其實是一件很困難的事情，不妨改變一下說法，不但能傳達自己的慰問之情，更能讓自己的話語充滿溫度。

# 第二篇
# 關於治喪二三事

從至親離開的那一刻起，
每天有大小瑣事讓你忙碌著。
這些習俗有的雖是以訛傳訛，但大多卻是其來有自。
本篇將一一說明，這些源自儒式喪葬儀節的典故，
在治喪的悲傷之餘，也能跟隨古人的智慧，
一步一步慢慢走出悲傷，放下罣礙。

# 做七，幫往生親人過十殿冥王

接案時常常會遇到家屬對於做七有一些疑問，例如：「呂小姐，我們家沒有女兒，所以我們只要做頭七、滿七、兒子七。」或是：「我們家沒有孫子，我們只要做頭七（兒子七）、三七（女兒七）跟一個滿七儀式就好。」（註1）

在這裡我想要跟大家說明，「做七」的習俗，在宗教上的定義，是要幫亡者過王官，宗教上的解釋是：**每一個人往生後，需要接受冥王的審判。**

冥王，總共有十殿冥王（註2），每一個七即有一殿冥王，七個七就是七殿，第八殿就是百日，滿一年時候就是第九殿冥王，滿三年就是第十殿，而第十殿就是轉輪冥王。每一殿冥王祂有各自的職責跟審判，所以我們每一殿做七儀式，就是幫亡者求懺悔，做審判超生的儀式。換句話說，並沒有做頭七是兒子七、三七女兒七、五七孫子七、滿七兒子七這種由來。此外，王官沒有分大小，每一殿冥王的地位是平等的，所以也沒有大小七之分。

---

註1：在客家習俗中，女兒七是「四七」

# 頭七兒子七？

　　而為什麼會有這樣子的說法呢？其實是因為，早期的農業社會中，當家中有長輩往生的時候，所有的儀式、所有的法事，所有的七都要由兒子負責，這樣的負擔會太沉重，再加上有些遠嫁外地的女兒，她們也希望可以有盡孝的機會，所以才會延伸出頭七兒子七、三七女兒七、五七孫子七，甚至中間還有媳婦七、女婿七等之類的說法。但這只是為了幫兒子減輕負擔，並不是沒有兒子就不需要做頭七，或沒有女兒就不需要做三七、沒有孫子就不需要做五七哦。

　　而對於做七的儀式，師娘覺得，在現今這個社會，這是需要被保留下來的習俗。其實，在治喪的過程裡，每一個環節都有其功能及意義。以做七為例，如果家屬們有宗教信仰，每一次在儀式的過程裡，其實是可以達到敬哀盡孝，對家屬來說也是一個「心靈治療」。憑藉著做七的法事，讓家屬相信，離世的親人已經離苦得樂、跟隨著佛祖，到了西方極樂世界去，也漸漸可以放下塵緣的因緣一切，這對在世的親人而言，其實是一個放心及安心，也是慢慢走出傷痛的一個過程及方法，所以師娘覺得，做七的習俗是很需要被好好保留的。

## 同一個家庭信仰不同怎麼辦？

如果在同一個家庭裡面，有的人的信仰是佛道教，但有的人則是信天主教或基督教，這些宗教有各自不同的追思方式，若家屬在儀式的表現不同步怎麼辦？

這時候我們通常會建議不是信仰佛道教的家屬們，如果不介意，其實可以在法會期間跟在旁邊全程參與，只是他們不持香祭拜，我們當然也可以配合。反過來說，信仰佛道教的家屬，也可以跟著基督徒的兄弟姐妹們，在法事之外，可以以追思的方式，聊聊過世的親人生前的點點滴滴，一起走過他們之間的生命歷程，這個對其他不同宗教信仰的家屬來講，也是另外一種心靈上的慰藉，也達到了另外一種做七的治療效果。

關於每一個做七的儀節，不一定需要花錢請法師或師父、師姐來誦經。現在也有很多的寺廟，會舉辦誦經的儀式。如果說在時間或預算上有些考量或限制，也可以考慮去**寺廟或宗教團體等地方報名**，由那邊的法師，幫我們的親人做一個超渡的儀式。至於費用，就是隨喜功德。而如果自己有時間，當然也可以自行唸經，再迴向給往生親人，這也是一種很建議的做法。

註2：十殿冥王分別是：秦廣王、楚江王、宋帝王、五官王、閻羅王、卞城王、泰山王、都市王、平等王及轉輪王。

| 殿號 | 冥王 | 何時行禮 |
|------|------|----------|
| 第一殿 | 秦廣王 | 頭七 |
| 第二殿 | 楚江王 | 二七 |
| 第三殿 | 宋帝王 | 三七 |
| 第四殿 | 五官王 | 四七 |
| 第五殿 | 閻羅王 | 五七 |
| 第六殿 | 卞城王 | 六七 |
| 第七殿 | 泰山王 | 滿七 |
| 第八殿 | 都市王 | 百日 |
| 第九殿 | 平等王 | 對年 |
| 第十殿 | 轉輪王 | 三年 |

# 關於頭七

　　我在執案的過程當中常常發現，有些家屬對於「頭七」這天的計算方式會有一些困惑，特別在這篇詳細說明。

　　「頭七」，顧名思義就是「人走後的第七天」，所以稱為「頭七」。我常常會遇到家屬跟我反應：

　　「欸，呂小姐，妳的算法不對啦，為什麼我們家長輩他是星期一走的，為什麼星期六晚上就要幫他做頭七呢？那天不是才第六天而已嗎？」

　　師娘在此說明頭七的算法。假設是禮拜一往生的話，禮拜一就算一天，從當天開始計算囉，所以禮拜一、禮拜二、禮拜三、禮拜四、禮拜五、禮拜六，禮拜六是第六天沒錯，但是在閩南的習俗，必須在第六天的晚上，開始幫亡者做誦經儀式，**要一直持續超過晚上的 11 點 15 分**，因為在農曆的算法來講，如果過了晚上的 11 點就等於是隔天了，換句話說，等於我們在第七天的第一刻就幫這位亡者，把頭七的儀式完成，並且將經文迴向給他。所以在閩南的習俗就是，在第六天的晚上，來幫亡者做頭七。

## 傳統的時辰認定

前面提到，以做七來講，過了晚上 11 點就算隔天，那如果亡者他是在晚上 11 點多左右過世，他的歿日要怎麼認定呢？

假設這位亡者，是在初一晚上 11 點 20 分往生，通常在訃聞上，或是在記錄上面來講就會算農曆初二的子時往生，這是農曆的計算方式。閩南傳統習俗做頭七是第六天的晚上開始，一直到隔天的子時，如果說是一般的唸經儀式，大約會持續兩個小時，時間上的安排就是從初六晚上 9 點開始到 11 點，或是 11 點 15 分。

這段時間，也就是閩南語所說的「交子時」，意思是「從前一天的亥時過到了隔天的子時」，也就是要從第六天的晚上開始做起。

除了頭七是以第六天晚上的算法之外，後面的二七、三七、四七、五七、六七甚至滿七就是照正常的七天一算。做七儀式不需要看時辰也不看日子，以家屬方便的時間為主即可。

## 頭七中的「作孝」儀式

有人會問，往生者他們知道自己往生了嗎？又或者是要到

什麼時候才知道自己往生了呢？根據民間習俗的說法，亡者離世之後，他的魂魄是茫茫渺渺的，土地公會在第七天，帶著往生者去洗手，當他的手碰到水時，手卻變黑了，那時候他才知道，原來自己已經往生了。

在頭七的尾聲，通常在晚上11點左右，我們會進行一個「作孝」的儀式。一但往生者發現他往生了，他自己也會難過、會哭，但我們不能讓長輩在我們之前哭，因此要趕在他發現自己往生前，先進行作孝儀式。傳統上，我們會讓子孫趴在地上哭，但現代簡化儀式，通常我們會用念佛號來取代。

# 關於訃聞

　　這篇將要介紹關於訃聞、訃聞的稱謂以及對應用法。

　　一般訃聞中常見的稱謂，假設是「夫歿」，那麼在「妻」的部分，我們以前常用的稱謂就是「未亡人」，但現在已經不會看到這個稱謂了。這個稱謂對女性比較不尊重，從字面上來解釋「未亡人」就是：「應該要死，而沒有死的人」，故稱作「未亡人」。

　　這是源自於古代，有時候有夫死妻要殉葬的習俗，隨著時代演進，已經不適用於現代。我們現在比較常看到的是「妻」或是「護喪妻」。「妻」或是「護喪妻」的用法，與訃聞的發訃對象有相關。

　　一般丈夫的稱謂是「夫」、「杖期夫」或是「不杖期夫」（註）。這個「期」在這裡要念破音字「機」的發音。夫就是一般的夫，杖期夫跟不杖期夫是什麼意思呢？所謂的「杖期夫」意思是說，「我太太往生了，然後我非常地悲傷，我悲傷到沒有辦法自己走路，必需要拄著枴杖」，所以就是稱作杖期夫。

　　那「不杖期夫」是為什麼呢？為什麼加一個「不」？若上

註：杖：藜杖；期：首一年之喪

面的長輩還在世，站在先生的立場是：「我雖然因為太太的走我很悲傷，可是我不能過於悲傷，因為我還有長輩要照顧。」所以他就稱作不杖期夫。這兩個的差別就是長輩是否還健在的差別。

## 訃聞的對應方式

關於訃聞的對應方式，前面講到關於妻或護喪妻，訃聞的對應就是發訃者。譬如說，如果我們發訃的對象是「顯考」或是「顯妣」，通常發訃者就會是「孝男」、「孝女」，對應的就是「顯考」或是「顯妣」（亡者年紀大於六十歲，且長輩已經都不在了，若是六十歲以下，則以「故」來表示）。如果是以「妻」來發訃，這邊對應的對象就會是「先夫」。

**訃聞列名第一位的，就是會對應訃聞開頭的稱謂。**妻或護喪妻的用法差別是，如果是以孝男來發訃的時候，通常妻會落在最後，我們會寫護喪妻。護喪妻從字面的意思就是，「這位太太將護持著這些子女來主持先生的喪事」，故以「護喪妻」表示。

另外有一種比較特別的狀況，一般發訃的流程是：祖父母

過世由父母發訃，父母過世則是由子女發訃。可是有時候，我們人生的落幕順序不一定是按照著先來後到的順序在進行，如果發生當中間這一代已經先行過世，只剩下孫子，那當孫子要替祖父母發訃的時候，這個孫子的稱謂要怎麼寫呢？

如果他是嫡長孫，若由嫡長孫來替祖父母發訃，如果長孫有娶媳婦，稱謂就是「承重孫」以及「承重孫媳」。這就是嫡長孫與亡者（顯祖考、妣）的對應稱謂。

# 庫錢的習俗與由來

先撇開不談燒庫錢是否環保，以及燒庫錢到底是傳統習俗還是迷信？這章先來談談有關庫錢的習俗以及由來。

## 生小孩帶的「財」是從哪來的？

老一輩的人在勸人家生小孩的時候，是不是常常都會說：「小孩自己會帶財來。」或是：「一枝草，一點露。」

會有這樣的說法是因為，相傳我們每個人在投胎轉世之前，都是先跟庫官借了庫錢才投胎轉世，所以才會有「小孩自己會帶財來」的說法。既然在投胎轉世前，是先跟庫官借了錢，人往生回去之後就必須要還庫錢，所以才會延伸出子孫必須替亡者還庫的這個說法。

除了是為了要償還庫官外，燒庫錢也是為了希望已故的親人、長輩，在冥間可以有錢可以花用。所以有些子孫就會在法事進行後，替長輩、親人燒庫錢。

以北部的殯葬習俗為例，一包庫錢就是對等於冥間的一千萬，不過因為我們台灣是一鄉鎮一習俗，南北的說法會有一些

差異，所以我們也要尊重各地的在地說法。

## 庫錢怎麼燒

庫錢該怎麼燒？何時燒？

**一、生前補庫。**

有一些宮廟會幫民眾做一些補財庫、補運或是說生前補庫的儀式。你可以去報名幫自己生前補庫，除了先祈求我們在世的時候，可以財運順利，同時也可以在我們還在世的時候，自己先替自己把要還給庫官的庫錢先還了。這就是所謂的生前補庫的做法。

**二、託新亡轉交。**

又稱為「寄庫」，有些家屬常常會跟我們說：「我們家現在某某某長輩往生了，可是過去我們的祖父母或是誰誰誰的曾祖父母，我們當初沒有燒到庫錢，我們這時候是不是可以多燒一點，然後託我現在這個往生的長輩轉交呢？」這個就是所謂的新亡轉交。

**三、分期繳庫**（俗稱填庫、繳庫、還庫）。

現在有一個習俗是，在人往生後我們會進行做七儀式，在

做七的時候託師父念碟文，意思就是說，我頭七的時候要寄 20 包庫錢，然後等滿七告別式的時候一起燒。以北部為例，燒庫錢的場地沒有辦法這麼容易取得，通常都是集中在告別式的前一天集中燒庫錢。所以就在每個做七儀式中先告訴已故的長輩：

「今天是頭七法會，我寄 20 包的庫錢，下一次是三七法會，我再寄 20 包的庫錢。」累積到滿七的時候，總共也許是 100 包的庫錢，到時候再一起燒。

不過，師娘對這個做七寄庫的做法比較沒有同感，因為這就好像我們長輩還在世的時候，我跟她說：

「媽媽，今天是母親節，我包 6000 元的紅包給妳，可是我過年才給妳。」然後等到中秋節的時候，我再告訴她說：

「媽媽，今天是中秋節，我也要包 6000 元的紅包給妳，可是我到過年才給妳。」一樣的做法。所以師娘比較不會鼓勵做七寄庫這個做法。

# 關於燒紙錢

關於燒紙錢與環保這件事，是這幾年熱門的話題。

常常我們遇到一些家屬，尤其是老一輩、有宗教信仰的家屬，都會希望能燒很多很多的紙錢，給往生的親人。希望他們在另外一個世界裡，不用擔心金錢問題，讓他們有錢可以花用。

有一些習俗是說，往生者在另一個世界，需要用錢去打通關等等之類的說法，所以他們會燒很多的紙錢、庫錢、房子、車子，希望往生的親人在另外一個世界過得很好。可是在現代潮流之下，又有一個環保的議題，特別是年輕的一輩、或對環保比較有意識的家屬，就會覺得這件事情是不環保、以及意義何在。但是對於我們從小一輩子燒紙錢、已經很習慣這樣的宗教祭祀文化的長輩而言，會覺得說「燒紙錢」是一定必須不能免除的習俗。

紙錢燒或不燒？在環保與宗教習俗間，到底應該怎麼取得平衡呢？首先，現在有很多專業的環保金爐設備，提供燒金紙、庫錢的場所，是可以降低環境污染的，如今的設備跟早期比起來已經進步很多。

## 燒紙錢的意義

燒紙錢的由來為何？師娘覺得，「燒紙錢」除了給亡者外，還有另外一個層面的意義。很多的宗教儀式，除了是圓滿亡者之外，同時也是安撫在世親人的心靈。如果有些長輩們覺得，燒（很多）紙錢可以讓他放心，也對離世的親人有幫助。在坊間有越來越多的環保金紙可供選擇的前提，其實在適量、不危險，或是說對環境污染有減低的情況下，適量的做其實是可以的。

## 紙錢該怎麼燒？

常常家屬會問：「紙錢要燒什麼種類呢？」

一般亡者在還沒有對年之前，我們燒的都是**小銀**。除了小銀之外，也可以燒一些蓮花或是想要給親人的紙紮，比如說衣服、鞋子，甚至為女性亡者準備的保養品、包包等，這些都是屬於燒紙錢的種類。

燒紙錢時，我們在一般塔位區，會有一個焚燒紙錢的區域，通常會分成兩爐，有**金爐**跟**銀爐**之分。金爐焚燒的紙錢是供奉神明的，比方說佛祖、西方三聖、土地公等；銀爐燒的則是給亡者或是眾祖先的。

## 執案案例

　　以前曾經聽過長輩說：「我阿公生前愛辣妹，所以我要燒辣妹給我阿公！」但師父在做法事的時候，忘記告訴阿公今天有燒辣妹了，結果當天擲杯就很不順利，他們就一直想，奇怪，為什麼今天擲了這麼多杯都沒有聖杯？後來師父突然想到，趕快說：「阿公！我忘記跟你說還有辣妹了。」結果，一跟阿公說完之後就擲到聖杯了！

　　曾經有一個阿公，他很喜歡打麻將，往生後晚輩燒了麻將。在焚燒的過程中，有一陣風吹來吹飛了一顆骰子沒有燒到。結果當晚，阿公托夢說：「你們燒麻將給我，少一顆骰子我要怎麼打麻將！」隔天家屬趕緊又補燒了一組骰子給阿公。

　　所以，關於燒紙錢這件事情，常常會有家屬問我：「呂小姐，我燒了這麼多，到底我的親人收不收得到？」

　　其實說真的，我也不知道，因為那個世界我也沒有去過。

　　我只能說：「對於相信這件事的人，有燒就會有安心！」你自己心安了，你就會相信我們離世的親人，在那個世界過得幸福美滿的！

# 如何辨識示喪紙

當家裡有喪事時，貼在門口的那張「示喪紙」要怎麼分別？

為什麼要將示喪紙貼在大門口呢？如果正值服喪期，靈位也設在家裡，這就是要告訴人家或指引外來親友拈香拜拜的一個示喪用意。

特別是在雙北都會區，大多數的喪家會選擇將靈位放在殯儀館或是周遭的會館，所以現在比較少機會能看到示喪紙。

到底示喪紙要怎麼區別呢？

一般我們比較常見的三個用語種類分別是：「嚴制」、「慈制」以及「喪中」。

「嚴制」意指家中的男性最高長輩往生，即以「嚴制」表示；「慈制」則是家中的女性最高長輩往生；而「喪中」則表示，這位往生的人，他的父母還健在，但因為他是晚輩，所以以「喪中」來示意。

有時候我們可能會看到「忌中」的示喪紙，但因「忌中」是屬於日式用法，我們現在已經不太使用了，長輩還健在的情況下，還是以「喪中」為主要用法。

## 喪紙的顏色分別

有時我們會看到白色或粉紅色的示喪紙，這又是代表何種涵義呢？

這代表了往生者的年紀，一般約略以七十歲來區分：七十歲以下的亡者以白色的紙來示喪，七十歲以上家中最高輩份的長者有的會以粉紅色的紙貼在門口來示喪。

但是若按照正常的禮俗來講，喪事就是喪事，其實是沒有年紀之分，其實正常來說，應該全部都要用「白色」才對喔！

# 安靈於家中的注意事項

通常將靈位安在家裡，就會有親戚朋友前來拈香致意。

首先，在拈香的部分要注意，身為家屬，**不能夠讓前來弔唁的來賓自己動手點香**，除了必須在旁邊陪伴外，我們要幫他們點上香，遞給來拈香致意的來賓，帶領他上完香之後，我們再收香再插入香爐。這個是關於上香非常重要的注意事項。

## 如何準備拜飯奉飯？

如果我們決定將靈位安在家裡，就好像這個長輩還在家裡一樣，我們就是需要早晚拜飯，就是閩南語說的「捧飯」。以閩南習俗來講，一天是兩頓飯，跟我們在陽世間一天早午晚三餐是不大一樣的。兩頓飯的分別是早餐跟晚餐，如果按照正常傳統習俗，早餐的時間會是在清晨天剛亮，就是大概五、六點的時候（日出後、天黑前），晚餐時間大約是在下午三點到五點。為什麼會訂下午三到五點呢？因為以前農業時代的人們，大多是日出而作、日落而息，所以這是他們一般的吃飯時間。但為了要符合現代人的生活方式，所以我們就請家屬，在他們平常

用餐的時間來拜飯就可以了。

一般來說，拜飯需要準備的物品就是一碗飯配上一碗菜，有的家屬可能會說：

「早上我不方便準備一碗飯或一碗菜，那該怎麼辦呢？」

其實我覺得，拜飯最重要是心意。如果早上真的不方便照傳統習俗準備，其實可以參考亡者生前早餐愛吃什麼，我們就這樣子準備即可。例如：燒餅油條搭配豆漿、三明治搭配奶茶，其實這些通通都可以的，最重要的是敬哀盡孝的心意（註）。

## 祭拜物品的禁忌

有的人會問，在準備供品時是否有相關禁忌？

其實是有的哦！有一些小禁忌大家要注意一下，比方我們在挑選供品時，**不能拜「串在一起」的東西**。例如：香蕉、葡萄等水果。可是有的人會說：

「可是我爸爸／媽媽生前就非常愛吃香蕉、愛吃葡萄，我真的很想要準備這個東西祭拜他，要怎麼辦呢？」

如果真的很想要祭拜這些供品，那我們就把他剪開吧！一串的香蕉，我們就把它剪成一根一根的，葡萄的話，我們就把

---

註：傳統客家人因勞動工作多，所以照三餐捧飯，這是屬於客家俗。而閩南習俗捧二餐，是較合乎《禮記》的「朝夕哭奠」。

它剪開變成一顆一顆的。這個禁忌的由來是什麼？在傳統觀念裡，喪事是不好的事情，多少會犯忌諱，所以我們不要相牽連，不要讓它串在一起，必須解開。

## 靈桌上的男童女婢

大家有沒有注意過，在靈桌上，比起一般祭祀的桌子，還多放了一對童男女。他們是「靈桌嫺」，叫做「男童女婢」。與我們一般常說的金童玉女是不一樣的。男童女婢是要來侍奉這位亡者，換句話說亡者就是他們的主人，所以在男童女婢的前面，也會放一個小小的杯子，類似像喝高粱酒那種透明小小的玻璃杯。男童女婢一天只拜一次，在早上為亡者準備早餐時，撥一部分在他們的杯子裡即可。這裡還有一個特別的地方，就是他們的兩個杯子上，分別只會插一支筷子，而不是一雙。

這個由來是因為，男童女婢的主要功能，是要好好的照顧亡者、侍奉亡者，所以他們不能同時離開工作崗位跑去吃飯，因為他們一個人只有一支筷子，所以當他們要去吃飯的時候，必須要跟對方借筷子，另一個人就要留下來照顧主人，象徵他們能夠專心服侍亡者。

# 「舅舅」有多重要

家裡有辦過婚事、喜事的人一定不陌生，俗話說：

「天頂天公，地下母舅公。」

這句話是甚麼意思呢？在舉辦喜宴的時候，如果舅舅沒有到場，喜宴是不能開席的。這說明了舅舅在地位上的崇高，這樣的地位在喪葬習俗上面的表現又是如何呢？

在喪葬習俗文化裡，舅舅的地位跟喜事一樣崇高喔！

在喪葬習俗裡，有另外一句俗語是「父死扛去埋，母死等待後頭來。」這句話意思是說，如果家裡往生的是父親，孝眷子女他們可以自行決定後事需要怎麼安排進行，但如果是母親往生，就需要先跟外家報喪，等待舅舅前來確認為沒問題了，才可以進行喪葬儀式。

這也關係到與舅舅有關的封釘制度，為什麼會有這個制度呢？（參考 P.62）這是為了要補足以前驗屍制度的不足，以前的人擔心外嫁的姐妹是被虐待致死，所以必須由娘家的兄長來看過，確認沒有外傷、死因沒有可疑之後，才可以封釘、蓋棺、下葬，所以才會有這句話，也再次強調舅舅的重要性。

## 報喪儀式

　　傳統上，當母親往生後，孝男必須先到舅舅家去報喪，也就是報母喪。這個時候，在傳統的習俗儀式裡，必須由孝男準備一塊白布以及一塊深藍色或是深色的布，頂在頭頂上，跪在舅舅家門口。人情所致，舅舅當然要來封釘及參加其姊妹的告別式。舅舅收藍巾，表示爾後甥舅關係不因亡者而有改變。若收白巾，則代表出殯後，舅甥即不再往來之意。演變到現在的喪葬文化，就成了現在的「青白巾禮盒」（註），就是一塊藍色的浴巾、一塊白色的浴巾來做替代。

## 迎接外家

　　而現在一般的人，尤其是北部，我們通常都是在殯儀館治喪，但不管是在家中或是殯儀館，在迎接舅舅時，我們都必須準備一張桌子，桌子上面會鋪有桌巾還有一個香爐。這時的桌巾，我們都會刻意**反放**，然後香爐上面的香我們會**倒插**。此舉是為了要表達，由於喪母，大家心情都很哀傷，所以無心整理以及疏漏了這些禮節，所以桌巾才會反置、香也倒插了，以顯

註：「青白巾禮盒」是殯葬百貨業者不明就裡所致的商品。

示孝男及家屬們心中的悲痛。

　　當舅舅到場的時候，孝男在外跪接外家，舅舅就會動手把這個桌巾放正、把香爐內的香插正，表示說他體諒了外甥處境艱難的意思。

　　當告別儀式進行到最後，我們前面有提到現在已經以青白巾毛巾禮盒來替代過去的青布、白布。所以在所有喪禮儀式告一個段落的時候，這個青白巾禮盒就會由孝男跪謝舅舅離開，這個就是一個「辭外家」的習俗。因為在傳統的儀式裡，外家是不能送上山頭的，所以外家就只到告別儀式結束為止，沒有繼續後面送到火葬場或土葬的部分。

　　以上就是傳統外家舅舅在喪禮上面的地位及相關習俗。

# 去殯儀館該注意什麼

大部分的人，對於農曆七月應該有很多的禁忌。諸如：農曆七月不買車、不買房、不要去海邊、不要去山上，很多很多的禁忌習俗。甚至有人說，在路上不要隨邊拍人家的肩膀，不然會嚇到人家。

除了七月禁忌之外，平常我們要去殯儀館的時候，該注意些什麼呢？大家對「殯儀館」，光聽就覺得是個禁忌及忌諱很多的地方。不要說是小朋友，甚至大人，像我在殯儀館執行完案件的時候，就常常在殯儀館周邊的人行道路或垃圾桶旁邊，看到很多一個一個的紅包紙袋。

這是做什麼用的？很多人在進殯儀館前，會照坊間習俗準備茉草、芙蓉、艾草，有的人甚至會準備鹽、米、淨符及大蒜等避邪的物品，裝在紅包袋裡面，隨身攜帶著。在離開之後，丟棄在外，不帶回家，以達到驅邪避凶的目的。

## 小朋友可以去殯儀館嗎？

相對來講，身為大人的禁忌都這麼多了，如果是小孩子呢？

家裡真的有事情非得去殯儀館不可，小孩子到底能不能出席喪禮或告別式？這是我常常會遇到家屬問我的問題。

　　常常有人說，小孩子容易去了那邊就會敏感，返家後就會哭鬧，甚至覺得不好帶、比較「盧」比較「歡」等等，是不是因為在殯儀館內犯了沖煞或是什麼忌諱呢？

　　其實在習俗上來講，師娘是覺得，也許有某一些東西，真的是我們不能夠以科學去解釋的。而站在科學的角度來看，我覺得殯儀館不太適合太小的孩子，尤其是年幼，如 3 歲甚至還在襁褓中的嬰兒去。殯儀館是一個嫌惡設施，通常會設立在比較空曠或偏遠的地方，如果說是晚上或冬天前往，殯儀館四周通常又大又空曠，小朋友就容易遭受風寒。再來就是，如果我們進出殯儀館或佛堂，民間習俗都是會燒香點香，或是焚燒金紙，空氣裡面或多或少都充滿了這些線香的味道，對於敏感的嬰幼兒的呼吸道來講，可能就會容易受到一些影響。小孩子有可能因此返家後發生一些身體不舒服的狀況，而長輩就會覺得，小孩子是去沖煞到。不過師娘我倒是覺得，身體不適是因為空氣品質不太好所導致。

　　再加上家裡如果發生長輩或親人離世，大人在進出殯儀館

時的情緒可能比較悲傷，或是加上各方的壓力，情緒也比較不好，其實小孩子都很敏感，但他們不一定會表達出來。當他們發現，周圍的氣氛都不太對，大人的神情也不太對，甚至大人的情緒也不對的時候，小孩子在敏感之下就會覺得很緊張，可是他也不知道怎麼表達，於是就會用哭鬧的方式來表現。以上這些，是我覺得比較科學根據的推論。

　　如果說不得已，必須帶小孩子進出殯儀館，或是周邊佛堂等場所，在返家後真的有發生身體不舒服，或是異常哭鬧的情形，我的建議是，一定要帶小朋友去看醫生。萬一真的都沒效，才去尋求一些傳統認知的民俗方法，譬如說收驚，或是以淨符洗身等等之類。

## 懷孕期間能否到殯儀館？

　　若在懷孕期間遇到家中治喪，可以請禮儀公司準備一條紅帶子，在治喪期間要進出殯儀館時，在肚子上綁一條紅帶子避免沖煞。這條紅帶子可以保留到寶寶出生後，也可以拿這條紅帶子來綁手，讓寶寶比較不會容易受到驚嚇。

# 奠禮的流程

一般來說，如果我們的奠禮是選擇在殯儀館內舉行，全部的流程會掌握在**兩個小時至兩個半小時**左右完成。那到底這兩個小時的時間，我們有哪些事情要完成呢？

**著孝服**——通常在奠禮的一開始之前，我們會先請家屬依照各自的輩分一一換著孝服。

**請牌位**——接著要到牌位區去請亡者的牌位，將牌位請到禮廳來進行儀式。

**入殮**——迎靈之後，我們會進行入殮（參考 P.59）

**靈前誦經**——入殮後，請師父師姐做靈前誦經的儀式。

**放手尾**——靈前誦經完成後，師父會作辭生放手尾這些傳統的儀式。（參考 P.93）

**求飯科儀**——以前的人認為，若長輩是晚上斷氣離世，象徵已經把一天的飯菜都吃光了、沒有留給子孫。為了讓後代子孫不缺米糧、不缺吃穿，因此會準備水桶、米、飯匙、湯匙、筷子、碗，以進行求飯科儀。通常是一房兒子一份，如果有長孫要再多準備一份，以象徵向天求飯、每一戶的子孫都有飯可

以吃。也不是晚上斷氣的長輩都需要求飯，在傳統習俗的認定上，在申時、酉時斷氣的長輩，才需要進行此儀式。

**家奠禮**——俗稱家祭。當上述傳統儀式都完成了之後，就是我們家奠禮開始的時間。家奠禮就會依照親疏長幼的順序開始做祭拜，當所有的家奠禮完成之後，我們會請親族先向來參與的親人先做致謝。

**公奠典禮**——接著就是我們典禮的時間開始，俗稱公祭。

**瞻仰遺容**——緊接在公奠典禮後，是瞻仰遺容。想見最後一面的親友可以排隊到後方瞻仰遺容。

**封釘**——接著進行封釘儀式。（參考 P.62）

**辭外家**——若亡者是女性，子孫要辭外家。也就是辭謝舅舅、舅媽，以及謝謝大家來參加這場告別式。

**火化**——最後則是發引火化。

以上就是一般在殯儀館內的進行的奠禮流程。


## 奠禮後的習俗

殯儀館在傳統上來看，有些人會覺得是「不乾淨」的地方，其實現在我們有的會有禁忌的家眷或來賓，很多人自己身上會

準備了一些東西，譬如說淨符、茉草這些驅邪避煞的東西。坊間也有很多習俗，可以協助你除去穢氣。而在奠禮的儀式完成後，來參與祭拜的來賓或家眷們，準備要離開殯儀館時，現在的禮儀公司很專業，都會在會場外面設置**淨水**，讓來賓做為洗淨使用。如果說，真的很擔心因為來到會場，而沾染到一些不好的氣場，我們在返回辦公室或是家裡之前，可以先到人多的地方去走動走動，然後去沾一些人氣比較旺的地方，**轉換一下**氣場，再回到私人空間時就不用太擔心。

# 孝服與孝誌

在告別式上使用的孝服及孝誌，在這一章裡會特別介紹。

## 關於孝服

所謂「披麻帶孝」，指的就是一般傳統的孝服，而比較現代的穿法是長版的黑袍。

傳統孝服有分成麻苧藍黃紅不同的材質以及顏色，也會依照男女的性別、不同的輩分、已嫁未嫁、已娶未娶，各有不同的穿法來識別。

選擇傳統孝服的優點是，只要看孝服，大概就知道是家中哪位長輩往生，而穿戴孝服的，又是什麼輩分的子孫，所以能夠很清楚識別他的身份。可是傳統孝服有一些小小的缺點，就是在祭拜的時候，例如它的頭罩比較容易脫落，會場也會因為不同輩分的穿法，看起來稍嫌凌亂。

現在一般北部的喪家，選擇現代黑袍的比例較大。以黑袍來講，不分家眷的男女老少或是輩分，大家穿的都是統一的樣式，所以會場看起來會比較整齊莊嚴。它的缺點就是比較不容

易識別這位家眷的身份、輩分，這一點我們就需要靠別在手臂上的孝誌來做判斷。

## 關於孝誌

關於孝誌的部分，有三個比較常見的孝誌。

**粗麻的孝誌**。習俗是兒子、媳婦、未嫁的女兒會別戴這個孝誌，這是代表重孝的孝誌。一般我們別孝誌的戴法就是，以**往生者的性別**分男左女右。如果是男性的長輩往生，我們就是別在左手臂；女性的長輩往生，我們就是別在右手臂。所以如果看到附近人家有喪事，然後看到他在左手臂上面別了一個粗麻，我們應該很清楚就可以看得出來他們是家中的爸爸往生了，而戴孝者的輩份應該就是兒子的身份。

**細麻的孝誌**。細麻一般是孫輩，就是內孫、內孫女或是已嫁的女兒，因為已嫁的女兒是外姓，所以她的輩分要降一級變成跟孫輩同一個輩分。

**粗麻加細麻**。粗麻加細麻是由誰來配戴呢？這是由一般家中的長孫來配戴。為什麼長孫是粗麻加細麻呢？因為以前農業的社會比較沒有節育的觀念，家中人丁興旺，一直生一直生，

有時候生到後面小兒子會跟長子的小孩年紀差不多。因為以前農業社會家中的男丁只要到了可以做勞務的年紀，都要一起為家中的農作去貢獻他們的勞力，所以以前傳統有個說法是「大孫頂尾子」，所以長孫的孝誌識別就是粗麻加細麻。除了長孫之外，長孫媳也是配戴同樣的孝誌。

# 喪禮儀式──入殮

這個章節要討論的是，大家想問、好奇，卻又不敢問、或不知道可以問誰的問題：棺木內應擺放哪些物品？

常常遇到家屬詢問，按照傳統習俗，棺內用品（又稱壽內用品）應該準備那些物品？雖然現在這些物品禮儀公司都會代為準備，但還是藉由本章來解開大家心中的疑惑。

壽內用品的準備，第一個會準備**庫錢**。我們會把本來一包一包的庫錢拆散鋪在棺木裡面及做為亡者的枕頭。這個庫錢，除了要讓亡者隨身攜帶有錢可以用之外，還有另一個功用。像現在，大體都是冰過、退冰後才入殮的，它可以防止退冰的水不斷的流出，不但可以吸水，也可以在入殮時有著固定大體的功能。

## 入殮過程

除了以庫錢打底之外，我們還會放上一個**棺底席**，就是一個草席。在以前傳統的習俗裡，棺底席象徵的是讓亡者可以冬暖夏涼。在鋪上草席、完成亡者入殮之後，我們會在大體上依

序放入**男童女婢**，這是讓他隨身使喚的佣人，還會有一個**護心鏡**，做為照明前路使用，讓他可以看到前方的路。

另外一個是**過山褲**。這個過山褲比較特別，跟一般的褲子不一樣，它是一正一反、反縫完成的，為甚麼要一正一反的反縫呢？在傳統習俗上，我們擔心亡者在通往陰界的路上，會遇到一些孤魂野鬼想要搶他的錢財，到時候亡者就可以把這個過山褲丟出去，讓他們先去搶這個褲子來穿，因為這個褲子是正反縫的，所以他們沒辦法穿上去，就可以拖延他們的時間，讓亡者有離開的時間跟機會。

當棺內所有的物品都就定位後，我們會在亡者身上蓋上**蓮花被**，覆蓋在他身上。有些子孫可能會想要準備一些蓮花，如果按照傳統習俗準備，就是 **108 朵蓮花**，準備過程中記得，所準備的蓮花**只要上座、不要下座**，就是不含底座，因為如果含底座的話，佔用空間太大，會沒有辦法放進去。

接著是**隨身衣物**的部分，會幫亡者準備隨身衣物讓他做替換。傳統習俗是春夏秋冬四季，每一季各一套，亡者穿在身上的衣服必須由內到外、由上到下。由內到外的意思是內衣、內褲、外衣、外褲，由上到下的意思是上衣、褲子、襪子、鞋子。

如果亡者本身生前他有戴帽子的習慣，也可以在這個時候一併幫他戴上，這是穿在身上的這一套，而放在棺木內隨行的衣物，建議只要準備外衣外褲就可以了。

## 師娘碎碎念

雖然傳統是春夏秋冬各一套，但師娘本身是不建議帶這麼多套衣服，為甚麼呢？現代的衣服都以化學材質居多，不是以棉質為主，化學材質在經過焚燒之後，容易產生黑色的雜質或膠質，可能會吸附在骨頭、骨灰上面，導致火化後的骨頭呈現出來的狀態不是那麼漂亮、完美，所以在攜帶棺內衣服的部分來講，建議象徵性二套就好，就是冬天一套、夏天一套。

師娘在這邊要特別提醒，棺木裡面有規定不能放置金屬物品，像是比如說皮帶的鐵扣、或是鐵製品太多的衣物，因為這些金屬配件都會容易造成焚燒火爐的機械故障。

# 喪禮儀式——封釘

「封釘」在喪禮上是個重要的流程，它的由來與意義是如何演變而來的呢？

因為古時候不像現代醫學進步，所以並沒有嚴謹的驗屍及由醫師開立死亡證明書的制度，而親族長輩們擔心外嫁的女兒是否被虐待或是否有子媳不孝虐死父母的情事，所以必須由往生者的兄長親人來查驗過，確認沒有人為加工致死的情形之後，才可以蓋棺封釘下葬，因此演變出「封釘」的習俗制度。

## 封釘的執行

封釘是由誰來執行呢？

既然是擔心外嫁的女兒受到婆家的虐待，若亡者為女性，通常就是由外家的兄長，也就是孝男孝女的舅舅來執行封釘的儀式。如果亡者是父親、爸爸，通常就是由叔叔、伯伯輩的人來執行封釘的儀式。

封釘的儀式會由一個主釘，就是舅舅或是伯伯、叔叔，由師父來帶領封釘。通常我們封釘的順序會按照一個「出」字型

的順序，是取其「出釘」（同諧音「出丁」）的意思。在封釘的時候，師父會帶領子孫們說吉祥話：

「一點釘東方甲乙木，庇佑咱的子孫代代受福祿，有無？」

這個時候子孫就要在旁邊應：

「有喔！」

「二點釘南方丙丁火，庇佑咱的子孫代代賺錢是賺家伙，有無？」

「有喔！」

「三點釘西方庚辛金，庇佑咱的子孫代代賺錢是賺萬金，有無？」

「有喔！」

「四點釘北方壬癸水，庇佑咱的子孫代代賺錢如流水，有無？」

「有喔！」

當東南西北四個方位都封完之後，最後一個釘會落在我們天頂釘的部分。

「五點釘中央戊己土，庇佑咱的子孫代代壽元是如彭祖，咬起子孫釘（註），是庇佑咱子孫代代都添丁，有無？」


註：由長子或長孫咬起子孫釘。

「割破起棺材皮，庇佑咱的子孫代代是一丁火，有無？」

「封釘已完畢，庇佑咱的子孫代代壽元呷百二，有無？」

## 子孫釘的由來

封釘儀式的最後，這根釘會落在天頂的位置。這時候，亡者的兒子或是長孫就要把這根釘用嘴巴咬起來，之後要將這根釘收在家裡的供桌上面。

這根釘要好好保存喔！因為當家裡有喜事，譬如說兒子或是長孫結婚的時候，這根釘就要放在他們的床舖底下，象徵子孫代代出丁、人丁興旺的意思，這一根就是子孫釘的由來。

#  喪禮儀式──祭空棺

關於祭空棺這個習俗，並不是每一場告別式的必須流程。那為甚麼會有「祭空棺」的習俗呢？

當家裡一年之內，連續發生兩位親人往生，通常家屬都會擔心老天爺會再帶走第三位親人，因為俗話說「接二連三」、或是有人說「無三不成禮」。所以在第二位親人要出殯的時候，通常會請師父增加一個祭空棺的儀式。

## 應備物品

在進行祭空棺的儀式前，我們需要準備的物品有：一個**紙棺及一個紙人**。牲禮的部分通常我們會用小三牲代替，所謂的**小三牲就是一塊豬肉、一顆雞蛋、以及一塊豆干**，這就是所謂的小三牲，還有祭棺符。

這個空棺裡，會有一個紙紮的紙人，由這個紙人跟這個空棺代替第三位亡者，象徵著「這個事情就到這裡終止，不好的事情不要再發生了。」

在古禮的習俗，還會需要雞跟鴨，為甚麼需要雞跟鴨呢？

因為我們需要用雞血來為稻草人做開光的儀式，象徵這是代替真人。鴨的部分則是要取牠的鴨血，因為鴨血的閩南語為「壓煞」的諧音，利用鴨血取其壓煞氣之意，所以以前會需要用到雞跟鴨。

儀式演變到現代，現在大家都覺得這樣的儀式對雞跟鴨有點殘忍，所以不再取用活體雞鴨的鮮血，師父則改用紅朱砂來開光做為替代。

## 祭空棺流程

祭空棺的儀式及祭文如下：

「你替身你替身，在生沒錢把你賣去放蕩市，現在向地藏王菩薩把你來點起，來挑起你的三魂七魄，來點起魂身代替某某某壓出空棺魂，點頭頭會清、點眼眼會明，點你的鼻、點你的嘴，聞有香味、吃有滋味，點你的耳朵聽四方，點你的手來腳來讓你有得走，現在點你的分身出來，點你的三魂七魄壓出空棺魂，蓋起棺材蓋，請你不用驚恐，貼起棺材符，讓你一路好超生。」

當這個祭空棺的儀式結束後，這個空棺就會帶去焚燒，象

徵這個是第三位亡者，所以不好的事情已經就到這邊結束了。

## 師娘碎碎念

祭空棺這個習俗，師娘認為不管這是不是只是一個習俗或是迷信，對家屬的心情而言，確實是有一定的撫慰作用。特別是當家裡已經接連發生了兩件喪事的時候，家屬的心情一定是悲傷又難過，如果說做了一個第三個祭空棺的儀式，可以讓他們覺得「惡運就到此結束」的話，這也是屬於心靈撫慰很重要的一環。

# 喪禮儀式——敲棺

關於敲棺這個習俗，曾經有一個新聞畫面，一個孫女誤信了直銷集團推銷的商品療效，延誤了正規的治療，最後癌症過世。老奶奶很捨不得她，在她出殯的那一天，敲了棺木一下。

為甚麼會有「敲棺」這個儀式？傳統習俗認為，晚輩如果先比長輩離世，讓長輩承受白髮人送黑髮人之痛，就是一個大不孝的行為。這樣的行為到了陰間，是需要接受王官的審判、會下地獄。長輩為了不要讓晚輩到了陰間去承受這樣的審判，因此先行責罰這個晚輩，所以會在棺木出殯的時候，先行敲棺木，以表示這位長輩已經責罰過這個晚輩了，希望他到了地府之後不要再接受懲罰，這個就是敲棺習俗的由來。

## 敲棺何時進行

通常敲棺儀式的進行，會在棺木已經封釘完畢、要發引之前，我們會請執行敲棺的長輩舉起他的敲棺杖，然後象徵性的在棺木上敲三下，就是以示責罰過了，這個就是敲棺的儀式。

基本上師娘對於這個習俗，我個人不是很建議，尤其是現

代社會在醫療發達及進步的情況下，非常非常多的長輩非常高壽，90幾歲、甚至百歲的人瑞都有。如此高壽的長輩們，他的子女、子孫眾多，不時會發生晚輩先離去的狀況。

## 執案案例

我就曾經在執案的過程中，遇見一位老阿嬤，她的兒子70幾歲因為癌症過世，在告別式的時候，親戚都告訴老阿嬤一定要執行這個儀式，不然晚輩到了地府會去受到懲罰，所以老阿嬤就要求我們幫她準備相關的物品，進行敲棺儀式。可是當她的敲棺杖落下棺木的那一剎那，老阿嬤是痛哭昏厥、不支倒地的。我看到這一幕其實覺得非常不忍心。

師娘覺得，敲棺是一個傳統習俗，可是要考量到現在的時空背景，對於年紀這麼大的長輩來說，首先她要承受兒子先她離去，已經是一個很殘忍的事實。但兒子也是不得已，他是因為生病，並非自殺或其他沒有珍惜自己生命、或是意外離世。在這樣的情況下，又要讓90幾歲高壽的老阿嬤去承受這個敲棺的痛，我個人是比較不建議。

曾經，我也覺得這樣的習俗很殘忍。但當我上過關於喪親

悲痛的課程之後，我理解這也是屬於走過悲傷的一種心理治療。重重敲下去的那一杖，除了宣洩出父母的痛之外，也是幫助喪子的父母面對子女已逝的事實。

　　當然也有其他情況，譬如說晚輩年紀很輕，是因為自殺離世或是說遭遇意外，通常這一類在習俗上認定是枉死，而且在長輩心裡也覺得說，敲下這一杖之後，這個孩子以後不必去陰間遭受到審判及責罰，心裡會產生一個想法：

　　「雖然你離我而去了，可是我敲下這一杖之後，你之後在陰間是一路順遂，你不會再去受到責罰。」敲下那一杖對於生者的心靈，其實是可以得到解脫的，也間接達到一個心靈撫慰的作用。敲棺這個儀式到底做或不做、適合不適合，師娘覺得是要因人而異，而不是說每一個晚輩先行離世的時候，我們非得一定要執行。

　　晚年喪子，是人生一大痛事，孩子永遠都是父母最珍貴的心頭肉，真心祈願不要再有父母們面對這樣的傷痛，而正在承受這樣傷痛的父母們，能夠把愛孩子的心轉化為讓自己從悲傷中走出的力量。

# 關於答禮毛巾

答禮毛巾台語的說法稱為「**答紙**」。為什麼在告別式上，喪家都要準備答禮毛巾給來參加拈香的親友呢？

「答禮毛巾」在以前的意義是，讓遠道而來的親友擦汗使用的。參加喪禮的時候，親友可能會很悲傷，他們可能會流眼淚，所以也有擦拭眼淚的功能在。而在意義上來講，一般的毛巾是長的，長巾的台語就是「長巾」，若用閩南語發音則與「斷根」音近。意思是說，「這些不好的事情就到這裡斷掉為止」。這就是為什麼在告別式上都會準備毛巾。

## 相關禁忌

常常有家屬或是親友會問我：「這個毛巾有沒有什麼禁忌？」

很多人覺得，從告別式上拿回來的東西可能不吉利，心理上多少會有些罣礙，覺得這個東西是不是不要用？或用了對自己會不會不好？很多人索性把它拿去當抹布或擦車。

其實，現代社會很多喪禮都是逐漸走向精緻化，現在的毛

巾用的質料都非常好也很精緻，甚至比較貼心的喪家會要求禮儀公司在毛巾裡，再準備一塊艾草的香皂跟一個淨符，讓來參加拈香的親友回去可以洗淨使用。

如果還是覺得心裡對這個毛巾有些罣礙，那師娘建議大家，把毛巾拿回去之後，可以先用水洗乾淨，再拿到外面去曬曬太陽。為什麼要這樣做呢？有一個習俗是說，如果對有禁忌或有忌諱的物品，可以拿到外面去「凍露水」（閩南語）。在經過了一個夜晚，白天太陽升起，這個物品經過露水滴過之後，它的穢氣就可以消除。另外以科學的說法來講，毛巾在清洗乾淨、曬過太陽再用，也衛生多了。

## 師娘碎碎念

師娘小時候，對這種答禮毛巾的印象停留在白色的紙盒，上面會有一個大大的「哀」字，老一輩的人對這個毛巾會有禁忌，也可能是從包裝來的印象。不過隨著時代的變遷，現在包裝都採用精緻化的路線，像我們現在的包裝，大多都是以精緻的網紗布袋來裝。除了讓家屬可以方便手提之外，對毛巾的罣礙就可以從包裝上逐漸消除。

# 關於紅白包

　　古代的人如果為親友助喪，他們一般會贈送金錢、財物、馬車、布料、衣服等等，其中在金錢財物的這個部分，我們就稱為「賻」，所以我們現在常常在告別式的會場上，收禮的桌上就會看到一個立牌上面寫「收賻處」或是「受賻處」，我們現在稱白包為「奠儀」、「賻儀」或是「香奠」。

## 白包的禁忌

　　白包的禁忌部分，我們都知道紅包是喜慶用的，所以在包紅包時，我們會希望好事成雙，裡面的金額都會包雙數來祝賀。白包就不一樣了，白包代表的是喪事、不好的事情，我們希望壞的事情不要再發生，所以一般白包的金額都會比較低一點，也都會以單數來包。

　　再來習俗上，**白包出了門是不能再回頭的**。舉例來說，我們到了會場之後才發現，這個喪家他們是「懇辭奠儀」，不收白包也不收禮，可是我是代表公司的同事前來，我也代收了其他不克前來的同事向喪家致意的白包，這樣要怎麼辦呢？

專業的禮儀公司，會在收禮桌上協助喪家放置紅包袋，如果遇到這種情形的話，喪家就會協助把白包裡面的金錢抽換到紅包袋裡，讓代表前來致意的人帶回。有的喪家比較講究，或是傳統老一輩，可能還會把金額添成雙數，或是在裡面放糖，用糖果來代替，以上都是替對方討吉利並感謝其心意。

此外，白包是不能補的。例如說，親戚朋友家有喪事，而家屬們選擇低調治喪並沒有驚擾親友，事後我們才得知他們家有發生喪事，**這個時候千萬不能補包白包！**這會是犯了很大的忌諱，只能用別的方式來跟這位朋友致意。

曾經有朋友問我，要去參加高齡九十多歲長輩的告別式，那是要包紅包還是白包呢？雖然亡者是高壽離世，但告別式的本質就非喜事，所以當然不能包紅包！

## 守喪期間的紅白帖

如果守喪期間收到了紅白帖，應該怎麼處理或怎麼包禮呢？

在傳統年代來說，守喪的期間會比較長，例如，在古代，父母過世兒子算重孝，守喪期長達三年，在這段時期，他所有的婚喪喜慶都不能參加。

但隨時時代變遷及社會發展，有很多禮俗都已經簡化了。現在一般來講的通則是，如果家裡有喪事，在百日內我們就是「禮不到、人不到」，就是說家裡有喪事，不管處理完了沒，百日之內我們如果收到親戚朋友的紅帖、白帖，我們就是禮不會到、人也不出席，這就是長輩說的「我們不互相陪對」（閩南語）的意思。

　　而在百日後到對年這段期間，我們就是「禮到、人不到」，我們禮金可以託付給前去參加的其他親友，但是我們人就是不出席。但如果說，對方是我們非常要好的至親朋友，也表明了他沒有忌諱，那這個時候出席就比較沒有關係了。

# 除靈桌的相關習俗

除靈桌就是一般講的**除靈**。有些地方的傳統習俗，除靈桌會進行一個「**龍虎鬥**」的儀式。需要各一位屬龍與屬虎的親戚或朋友，來幫忙把這個靈桌抬出去丟掉，現在一般都是由禮儀公司的人來負責處理，龍虎鬥的儀式也越來越少見。

除了龍虎鬥儀式之外，最重要的就是，要怎麼在原來放靈桌的地方除煞氣？

一般壓煞會準備 12 樣的物品，有**桶箍**、**筷子**、**碗**、**水桶**、**兩枚銅板**、最主要的是**竹邊**（俗稱**甘模**）裡面會有 12 個**紅圓**，中間有**發粿**、**麵龜**。再來就是要點上**蠟燭**，以及升火用的**木炭**與**火爐**。

## 什麼是紅圓？

紅圓現在比較少看到，相對來說，發粿與麵龜大家都知道，紅圓一般來說，在賣麵龜或是湯圓的店家都會賣，只是不一定所有店家都隨時有現貨。當有需要的時候，可能要事先去預定。準備 12 顆紅圓，再插上 12 根蠟燭，象徵在未來的一年，子孫

都能夠平平安安。這邊要特別注意，如果剛好遇到閏年，若有多一個閏月，那就要準備 13 顆，因為代表的是接下來的 13 個月。

## 火爐木炭的功能為何？

準備火爐及木炭，是要起火，做為除穢的用途。藉由這個火，去除掉一些有形無形穢氣。

不知道你是否有聽過「親家門風」這種說法？或是當家裡有告別式或喪事的時候，在出殯的第一天，要請外家來顧家。為什麼要請外家來顧家呢？

在以前的農業社會，門戶沒有像現在這麼安全，這是要避免家裡的財務有損失。全家都在告別式現場忙碌，怕家裡沒有人顧家，所以會麻煩外家的人來幫忙。

除了擔心財物損失，其中還有一個最重要的，就是要顧好這盆爐火。因為當靈桌除去之後，這盆爐火就要生起來，繼續燒著，考慮到危險性的問題，所以會麻煩外家來顧家及顧這盆炭火。

## 外家的定義

家屬常常問我：

「呂小姐，我婆婆過兩天告別式，那我跟我大嫂（妯娌）到底是哪個人的家裡要派人來顧家呢？誰才是外家呢？」

其實都不是哦。外家是指亡者或亡者的太太的娘家，亡者媳婦娘家都叫做「親家」，不叫做外家。以這個例子來說，過世的若是婆婆，那外家即為婆婆的娘家。若過世的是公公，那外家還是婆婆的娘家。

# 關於飛棺煞

所謂的飛棺煞，指的是被送葬路途中的棺木沖煞到。

傳統說法認為，棺木帶有煞氣，如果八字較輕、運勢低的人或是體質較敏感的寶寶或幼兒，遇到送葬隊伍時沒有迴避的話，就容易被棺木沖煞到，可能會使身體或精神上產生一些不適的狀況，所以只要知道送葬隊伍即將經過時，大家總是會盡量迴避，就怕招惹忌諱。

雖然現代的出殯方式都已經以靈車代替人力扛棺步行了，除了殯儀館的火葬場之外，大家比較不會有在一般馬路上看到棺木的情形，但是如果在沒有心理準備及避煞物品（註1）護身的情況下遇到了該怎麼辦呢？

首先，請聽師娘的話先去看醫生，然後拿淨水（註2）從頭到腳淨一淨，如果還是覺得不舒服或是幼兒異常的哭鬧睡不安穩，而醫生認為身體沒問題的話，建議去像新莊地藏庵這類的大廟請求廟方幫忙收驚、除煞、祭解來化解。

註1：避煞物品各門各派說法不同，有鹽加米、抹草、芙蓉、榕樹葉、淨符等等。
註2：取一個碗，燒化一張淨符之後，裡面裝一半的熟水一半的生水即成淨水。

# 如何挑選塔位

在火葬比例高達百分之九十以上的現代社會，大部分的喪葬方式都是火化晉塔（註）安奉，而在挑選塔位時有哪一些要注意的方向呢？

首先，是生肖。每個生肖都會有自己所屬的大利方及煞方，在挑選塔位的時候，原則上都是以所屬生肖的「大利方」為主。

舉例來說，屬龍的生肖是宜坐西、忌坐南；屬兔的人就是宜坐北、忌坐西。每個人都有自己所屬的方位，一般來說，在挑選塔位的時候，塔位跟禮儀公司的同仁都會協助提醒適合與需要避免的方位。

## 挑選塔位的禁忌

塔位，就像是我們的住宅，只是一個是陽宅、一個是陰宅，但是挑選的原理是一樣的。除了注意方位及座向之外，在挑選塔位時還要注意哪一些禁忌呢？

一個塔區就像是一個大社區，每一個塔位則像我們的住家，在選擇塔位或壽位時可以用選擇陽宅的方向角度來思考。

註：「晉塔」意同「進塔」，晉字取「晉升」之意。

就像我們在買房子時會有一些東西想避免，以住家為例，我們不喜歡路沖或是對角，同理在挑選塔位時，路沖或對角的塔位，我們就會盡量避免挑選。

　　其餘一些挑選的大原則來說，像在住家或是我們的床位上方，盡量避免在樑的正下方，在乎風水格局的長輩們，就都會避免挑選像這樣的塔位。

　　再來，就是挑選樓層。每一個寶塔及寶塔內部的區域規畫都不同，一般大致分一到九層。然而，到底是上層好還是下層好呢？一般來說，大部分的朋友都喜歡挑選視線所及的中間樓層，主要是因為，我們來祭拜先人的時候，視線可以平行注視、可以跟他們說說話，做一個追思懷念。但也因為這個原因，所以中間層的價位往往會比其他層費用稍高。

　　當然，也有些人的想法是，先人已經到羽化成仙了，所以希望要坐高，故選擇比較高的樓層。相反來說，也有一些長輩認為，他生前不喜歡爬樓梯，所以會喜歡下面一點的塔位，低樓層也符合他生前居住的習慣。這就是每一個人的個人喜好選擇，沒有什麼禁忌或對錯。

　　選購塔位方式大多分成兩種，一種就是家裡有親人往生時，

在治喪的時候替親人選擇塔位。

## 「壽」字含意

　　另外一種就是，有些長輩可能會提早為自己規劃身後事，先去選擇他喜歡適合的風水寶地，先把它買下來。當完成購買手續之後，塔位園區就會在這個預購的位置上貼一個「壽」字，代表添福添壽之意。

　　塔位的挑選，各門各派都有不同的見解，師娘在這邊為大家介紹的是比較通用的做法，提供給大家做一個參考。

# 如何化解塔位煞方

前一篇我們介紹塔位的挑選原則，這一篇我們要來討論一下，當塔位遇到煞方時，該如何化解？

## 煞方的產生

首先，為什麼塔位會遇到煞方呢？大家一定會覺得奇怪，我們在買塔位時，一定是以自己的利方為主，那怎麼還會遇到煞方呢？

那是因為，在每一個年度、每一個流年都會帶有一個煞方，例如說今年 2019 年、民國 108 年的煞方就是煞西，如果說生肖利方是屬西的往生者，當年要晉塔該怎麼辦呢？

通常我們有幾個化解的方式，如果說要進塔的話，我們可以在他的原來的櫃位裡安放「刈金」。一般來說，我們都會以放七張刈金為主，先讓刈金鋪底之後，我們才把骨罐放上去，先放上去「暫厝」，閩南語就是「坐浮」、暫厝的意思。等到隔年的農曆年過正月十五之後，再擇吉日吉時把這個刈金拿掉，讓骨罐正式安坐正位，來避開流年煞方的問題。

暫厝那天，不一定需要看吉時吉日進塔，因為是暫厝的，進塔的日子就是可看、可不看。其實這就是類似我們搬新家、安床的意思。比如說，搬新家有看好時辰、好日子要安床，但是送家具的廠商不一定可以配合我們的時間，折衷方法就是，床鋪先放斜斜的，不要擺正，等到吉時到，再正式把床位放正，就跟上述放刈金有異曲同工之妙的概念。

## 夫妻或家族塔位的選擇

除了流年坐到煞方外，還有另外一個常見的情況就是：夫妻要買夫妻位，或家族塔位，這時應該怎麼解決每個人不同生肖的問題？

如果以買雙人夫妻位來講，我們怎麼選擇生肖利方？夫妻的生肖不一樣到底該怎麼選？如果是夫妻位，傳統是以夫的生肖為主，所以就以夫的大利方作為選擇。但萬一夫的大利方卻剛好是太太的煞方，這個時候要怎麼處理？

第一個方法是，退而求其次。選擇夫的小利方來平衡這個方向沖煞的問題。

倘若堅持以夫的大利方為主，那該如何為妻解決煞方？

有一個解決方法是，骨罐一般都會有照片及碑文，有照片跟碑文的這一面就是正面，在骨罐放進去的時候，當妻子坐夫妻位遇到煞方時，可以選擇在妻子的骨罐做一個轉向的動作，讓其安坐改向，來化解這個沖煞的問題。

　　倘若在選擇夫妻位後，其中一人先往生，另外一個是壽位，為了討吉利不要犯忌諱，通常我們會在空的位置上放上一瓶高粱酒，然後貼上一個壽字，取其高壽之意喔。

　　至於家族塔位的挑選，因為每個家族塔位的規模跟大小都不一樣，所以不會去挑選方位。而針對晉塔的亡者，只要掌握避免坐位煞方即可，同樣可以用上述正方轉向的方式來避免。

# 合爐前牌位該如何處理

在人往生後，那座臨時牌位在告別式結束之後應該怎麼處理呢？是化掉呢？還是帶回家？

《禮記》裡有說明，喪禮凡兩大端「一以奉體魄，一以事精神。」奉體魄的部分，就是在處理大體；事精神的部分，就是安頓靈魂。

所謂「安頓靈魂」，就是當大體安置到一個段落的時候，我們就會做「引魂立牌位」的儀式，之後的法事、做七甚至告別式等等，都是對著這個牌位來進行所有的儀式，在告別式結束之後，大體進入火葬場火化，這個臨時牌位的部分要怎麼處理呢？

這個臨時牌位，一般告別式結束後，有三種處理方式。

**第一、請回家供奉。**如果請回家供奉，就是放在一般供桌上祖先牌位的旁邊，初一十五就要供飯祭祀。

**第二、代為祭祀。**如果不方便請回家供奉，坊間有些私人會館或是佛堂，有的會提供供奉牌位的服務。可以協助不方便請牌位回家的家屬，將臨時牌位到對年這一年，在還沒有合爐

之前的這段時間，提供拜飯協助。

**第三、化成香火袋。**如果我們沒有辦法請回家供奉，也不想要放在私人佛堂，那就要把牌位一起化掉，化成一個香火袋。香火袋跟著我們的先人的骨罐一起進塔安奉。

一般來講，牌位有上述的三種方式。之前有人問我，他看到告別式結束之後，香火袋跟著棺木一起進火化。這通常不會發生，只有在牌位無法請回去供奉的時候，才有可能把牌位化掉化成香火袋，所以不會把牌位化掉之後，放成香火袋之後，再把香火袋再去化掉的狀況發生。

## 合爐儀式

一般傳統禮俗上，合爐應該為滿三年。目前北部常見在對年之後，就擇吉日進行合爐儀式。傳統合爐儀式的意義是指，把這位過世剛滿一年的親人，請去跟我們歷代祖先團圓，把他牌位跟歷代祖先寫在一起，進行合爐的儀式，從此以後就一起奉祀。（參考 P.99）

# 米斗誰來捧

師父引魂的佛鈴聲，在深夜的殯儀館裡顯得特別的響亮。隨著鈴聲及家屬的聲聲呼喚，雅琪跪在父親的靈前擲筊得到了聖杯的指示，引魂的節儀到此圓滿，接下來就是要把牌位請到牌位區去安放。這時，雅琪的伯父開口說話了：

「雅琪，傳統習俗嘸查某子在捧斗，恁阿爸只生妳這個查某子，稍等我叫妳堂哥來替恁阿爸捧斗。」

## 父權社會下延伸的男女不平等

在傳統習俗中，都是由孝男或長孫來負責捧斗，因為捧斗除了是一個儀式之外，也象徵著傳承家業以及香火，甚至在有的地方習俗中，捧米斗的米斗孫還可分一份家產。所以老一輩的觀念總是重男輕女，認為沒生兒子，以後走了沒人可以捧斗，如果真的沒有兒子，那寧可找孝姪、孝甥捧斗，也不肯讓自己的女兒來捧，尤其是已外嫁的女兒，更是被完全排除在外。

在父權思想的影響下，很多的禮俗也充斥著男女不平權的觀念。除了捧斗、請神主牌位等是由孝男、孝孫來負責之外，

告別式上的主祭、點主、封釘等儀式也都是由男性來執行，而在整個喪葬禮俗中，女性只能做一些準備祭拜供品、折蓮花、元寶等協助工作。

那天，雅琪看著伯父，堅決的說：

「我阿爸，這世人只有我這個查某子，伊最疼的就是我，尤其阿爸生病的這幾年，也是我一人在陪伴照顧伊，我要自己替伊捧斗，這是我做查某子，最後能為伊做的代誌，是我最後的孝心。」

## 盼未來的喪葬習俗能打破性別界線

在喪葬禮俗的世界裡，很多長輩們還是一直被傳統男尊女卑的觀念制約著，但在生育率不斷下修的年代，像雅琪這樣只有獨生女的家庭並不少。如果一昧堅持禮制傳統，除了無法生死二安之外，也只是徒增喪葬過程中家屬間的歧見。

我曾經遇過一位女性家屬，因為兄長常年在外地經商，所以她除了要打理自己的家庭、孝順公婆之外，還要一肩扛起照顧娘家爸媽的責任。母親往生後，在外地的兄長回來奔喪，並主導了所有的事項，即使她跟兄長表明，母親生前有交代自己

想要的治喪方式，但兄長仍不為所動的按照自己的方式安排，讓常年照顧雙親的她覺得很感慨。

師娘能理解，幾千年的傳統及父權主義思想，無法一朝一夕被扭轉，但是希望隨著時代巨輪不斷前進的同時，殯葬習俗也能打破男女不平權的現狀，跟著向前走。

# 封釘小故事

　　那天，是個颱風侵襲的日子，禮堂外的風雨交加，禮堂內的告別儀式卻仍須風雨無阻的正常舉行，站在家屬答禮席的你，眼光不停地飄向外頭，看著來拈香致意的親友們來來去去，眼看著家奠即將結束了，卻一直沒看到你盼望的那個舅舅。

　　我知道你心裡的遺憾與落寞，只能輕聲的安慰你，也許真的風雨太大了，所以舅舅路上耽擱了，你看著禮堂中高掛的母親遺照，勉強地擠了一個無奈的微笑，若有所思的說了句：

　　「或許吧！」

　　在治喪協調的過程中你告訴我，因為三年前外公驟逝時，媽媽和舅舅為了外公的遺產處置有了爭執，你的母親支持外婆的決定，可是舅舅有不同的意見。就這樣，一場遺產風波，造成了本來無話不說的姊弟倆再也不相往來，從此形同陌路。而一場意外，帶走了你的媽媽，你說母親彌留之時仍，念著舅舅的名字，仍惦記著這個弟弟，而在你承受著喪母之痛前去跟舅舅報母喪，希望舅舅能來送行，並親自為他的姊姊執行封釘儀式，但卻得到了冷漠的回應。

一句「看看那天有沒有時間」的冷漠回覆，幾乎消滅了你從小對舅舅的孺慕之情。你也一直擔心，如果舅舅沒有來執行封釘儀式，母親的身後事是否就不能圓滿？

那天，終究沒等到舅舅前來，所以我們請師父代為封釘。在師父封釘前，你對著母親的棺木低聲地說著：

「媽，風雨真的太大了，舅舅應該是被風雨困住了，妳要放下妳的牽掛，好好去修行喔！」

那一刻，除了拍拍你的肩膀安慰你之外，我真的不知還能再做些什麼，在這些年的殯葬生涯裡，我看到學到了各式各樣不同的殯葬禮俗，但即便我們再專業，我們也只能在殯葬儀程的規劃上替家屬們盡心，面對每位家屬間形形色色的家庭故事，我們只能盡力的為家屬尋求方法，只求能減少家屬心中的罣礙和遺憾。

# 手尾錢的祝福

「手尾捧放高高，子孫代代做狀元，手尾錢放低低，子孫買田又買地。」

師父口中念著吉祥話，一邊把一把把的銅板丟入米斗內，子孫們跟著師父的吉祥話，聲聲應「有」，這是告別式上放手尾錢的儀式，我認為這是整個告別式流程中，唯一較不感到悲傷又能溫暖人心的儀式。

按照傳統習俗，在長輩即將往生彌留之際，可以準備一些金錢財物放在他的手上過個手，長輩往生之後，這留下的財物就是所謂的手尾錢。

在古代，銅錢、手飾、金銀珠寶等，都算是手尾錢，這和長輩遺留的動產、不動產等其他家產意義不同，習俗認為，這些財物能夠遺愛家人，為親人帶來福氣，讓後世子孫代代興旺。

得到手尾錢的子孫，可以把手尾錢放在保險箱，也可取一部分放在銀行戶頭裡，或是家中放存摺財物的抽屜中，手尾錢不能拿來做一般花用，但是可以在買房或做投資時，取一些手尾錢混入投資的款項內。

手尾錢就像是錢母，習俗認為在先人的護持庇佑下，希望可以讓後代子孫錢生錢，讓後代子孫財源滾滾，財富源源不絕。

　　在我的眼中，手尾錢的意義不在於數目的多寡，象徵的是長輩給晚輩的一種祝福，是紀念物，是一種傳承，就好像每次當我打開抽屜，看到那二個紅絨布小袋子，阿嬤和爸爸的慈祥和溫暖，又浮現在我的心頭。小小的袋子裡只裝著幾枚銅板，但是卻也裝著好重好重的情感，每次看到這二個紅布袋，總覺得阿嬤和爸爸雖已不在，但他們給我的疼愛卻不曾遠離。

# 第三篇
# 追思才要開始

當告別暫告一段落，內心的傷悲才正要開始。
正因為有了圓滿的告別，
也才能有勇氣，繼續上演自己的故事。

# 塔位祭拜注意事項

　　家屬常問我：「呂小姐，我想要到塔區祭拜先人，我需要怎麼祭拜呢？需要準備哪些物品呢？」

　　通常我們到了寶塔之後，第一個先拜的是**寶塔供奉的神明**。

　　一般寶塔會供奉的神明為：西方三聖、地藏王菩薩、山神、土地公等神明。每個塔區供奉的神明會有一些不一樣，所以我們必須先了解我們先人供奉所在地方的寶塔它有哪些神明，才知道我們要準備幾份供奉的物品。

　　接下來就是祭拜**我們的先人、親人及我們的祖先**。

　　祭拜供品等準備物，若是要供奉神佛，神佛部分我們通常是祭拜鮮花素果。關於「素果」的部分，要跟大家說明一下。水果本身就是素的，為什麼會「鮮花素果」來形容？其實正確的說法，應該是「鮮花四果」。這是，一定會有家屬會有提出疑問：「四果？我們拜拜不是都是希望拜單數的嗎？」

　　所謂的四果不是指四樣水果，四果是指我們四季當令的水果，就是以四季當令盛產的水果、最新鮮的東西來祭拜神佛跟往生親人，表示我們最誠摯的心意。

而祭拜先人的部分，一是鮮花水果，再來就是看我們的先人他可能生前愛吃哪一些食物，可以另外再特別準備。例如說喜歡特別愛吃的菜飯，甚至有些人會準備先人愛喝飲料、餅乾，這些都沒有禁忌。

## 紙錢要如何準備？

而在紙錢方面，我們又要準備哪些呢？

神佛部分，通常準備的就是**三色金紙、土地公金**這些金紙類。若是祭拜先人，就有分別了。如果我們祭拜的是往生不久、還沒有對年的親人，要準備的就是**大銀**或**小銀**。若往生已滿對年，也合爐圓滿之後，我們就可以燒**刈金**。不過也有一些習俗來講強調「金銀金銀！金銀財寶！」有金，也要有銀！所以若是要祭拜滿對年、已經合爐的祖先，我們可以準備刈金、大小銀，這些都是可以焚燒給我們的先人做使用的。

如果在紙錢方面不知道怎麼準備，也不用太擔心。現在的私立寶塔，一般都有提供販售各式金紙的服務，不論你需要的是燒給佛祖的、燒給土地公的、還有往生親人的紙錢，若來不及先準備或不知道怎麼準備的，紙錢販售部都可以幫忙。

#  對年內的傳統習俗

在告別式結束到隔年的對年，會有整整一年的時間。在世的親人要開始經歷「沒有你的日子」。沒有你的父親節、母親節，沒有你的生日，沒有你的各式紀念日，以及沒有你一起團圓的所有節日。在傳統習俗裡，特別重視的是端午節跟過年。一年一度的端午節及農曆新年，在對年前一定會遇到。

傳統習俗中，家中如逢喪事未滿一年，過端午節是不能包、也不能買粽子的，必須由親友或是出嫁的女兒買回來餽贈。若新亡的牌位是放在家中祭拜，則不能跟祖先同一天祭拜，必須在節日前一天先行祭拜，習俗中祭拜往者的供品也不能成串（怕不好的事情會串在一起），如果要拜粽子，要記得把粽子剪成一個一個，切記不能成串拜喔！

農曆新年也是一樣，過年時不能做年糕也不能買年糕。這是象徵當家中有人過世，家屬仍十分哀傷，哀傷到沒有心情歡慶年節到來，故需要由親友或出嫁女兒餽贈。

失去親人的第一年總是特別難受，但總要勇敢經歷過，哀傷才能漸漸撫平，思念也逐漸昇華。

# 關於合爐

所謂的「合爐」，就是把新亡親人的名諱，寫入我們的祖先牌位跟歷代祖先，合在一起供奉。

一般北部目前通俗做法則是，考慮到現代大家工作繁忙，通常在做完對年的誦經儀式之後，就會請師父擇吉日吉時，做一個假三年的儀式，接著把這個臨時牌位，與我們家裡的歷代祖先進行合爐儀式。當合爐儀式完成後，我們以後只要跟歷代祖先一起祭拜就可以了，不用再獨立祭拜。

## 因地制宜的習俗儀式

台灣雖然很小，但每個地方的在地風俗、習慣、文化都不太一樣。我們也有聽過在中南部的地方習俗，他們是在告別式結束後就請回家合爐了，沒有看時，也沒有看日，也有聽過在百日後就合爐。這些習俗都是因地制宜，可能是為了當地的地方文化，所延伸出來的習慣，這沒有一定的對或錯，只要先人能夠合爐圓滿，我們子孫誠心誠意供奉，相信先人都能夠保佑我們子孫。

## 牌位背後的間距

　　家裡如果有供奉祖先，下次可以偷偷注意一下，在祖先桌上的牌位跟後面桌子的背板，可能會有一點小小的距離。譬如說桌子的背板，放置牌位時，一定不是緊貼著牆靠，可能它會留有一公分或一點點的距離，為什麼習俗上會有這樣一點點小距離的差異呢？

　　這個習俗就是說，我們要留一點縫隙，象徵要給我們後代子孫留後路的意思。所以通常牌位不會緊貼著我們的牆上，或是那個神明的背板供奉，這是關於一個祖先牌位的一個小小習俗。

# 第四篇
# 師娘眼中的人生大事

在別人的生命故事中穿來梭去，
執案十多年，也看盡了人生百態。
在每天面對生死的師娘眼中，
到底什麼才是生命真正的大事呢？

#  老先生的人生畢業典禮

　　當自己面對死亡時，我們能不能真正豁達？

　　一個機緣下認識了一位癌末長者，在老先生的身上，我看到了無懼生死、坦然面對的真豁達。

　　老先生在 17 年前發現罹癌，在積極的治療之下，癌症控制住了。從此之後，老先生開始周遊列國，因為一場大病，讓他體悟要活在當下。

　　年初老先生身體不適，就醫後發現，和平共存 17 年的癌細胞復發了，且來得又急又快。他心裡有數，這次應該沒有 17 年前的幸運了。於是，他把遊玩的地點改了一下，不再周遊列國，而是改成到每一個塔位園區欣賞風景，為自己找尋喜歡的長眠之地。晚輩們本來以為，當塔位地點決定之後，老先生會乖乖的聽從醫生安排住院安寧，沒想到，老先生竟說要親自參與決定自己的身後事，要等所有一切安排妥當，他才要去住院。

　　感恩緣分的安排，讓我有機會認識了老先生。在一位豁達的長者身上，體悟生死的智慧。這天，特別抓了一個老先生通常會清醒的時間到府上拜訪。一進門，其實我是緊張的，因為

我不知道該如何用字遣詞，去讓一位長者覺得死亡就在眼前？沒想到，我才一坐下，老先生就問我要怎麼幫他規劃他的人生畢業典禮。

　　整個下午，我除了跟老先生解釋治喪流程及宗教習俗之外，大部分的時間是陪著老先生挑選遠行的行李，老先生的衣帽間整齊的排放著四季衣物，每件衣服都包著送洗塑膠套，透明套上都寫著西元 xxxx 年、購於 x 國美金 xx 元 ，老先生因為癌症關係已經無法言語，他的媳婦告訴我，這些都是公公的另類旅遊日記。

　　老先生看著這些衣物，彷彿回到那些旅遊時光，我在他充滿病容的臉上看到了充滿回憶的閃亮雙眼，他毫不避諱的陪著我一起選衣服、選帽子、選照片、甚至還用紙筆，寫下了他對告別式會場的想法。

　　老先生說，他這 17 年的時光，算是撿到的。所以這 17 年來，他認認真真活過每一天。如今，他並無遺憾。這一次，他當作自己又要出國遠行，只是這次沒有回程，所以，他要親自打包自己的行李，為自己安排遠行的旅程。

　　在他泰然自若的神情裡，我看到了老先生面對生死的智慧。

在我父親癌末的那段時光，我曾經看到一篇文章上寫著「癌症，是一種祝福」。乍看標題，我很不能接受，但看了文章後才明白，這並不是一句要戳人傷痛的惡言。文章的大意是說，比起其他死亡的方式，癌症患者及其家人們，更有機會好好的完成道歉、道謝、道愛、道別，而且能把握有限的時間，去完成自己的心願。在老先生的身上，我看到了這樣的祝福。老先生即將在二天後入住安寧病房，祈願他能少一點病痛折磨，安詳度過這最後一段日子。

# 不同調的告別——
談家屬對治喪事宜的分歧

　　在 2017 年豬哥亮過世後，大女兒發出一封新聞聲明稿，文中有她一路走來身為女兒的親情感受，以及對豬哥亮身後事種種安排的不同看法。家務事的部分旁人無從置喙，但是關於家屬們對於喪葬事宜不同調的分歧，我有一些個人的感受想跟大家分享。

　　在處理喪葬案件中，家屬們不同調的情形其實很常見，差別只是在於不同調的衝突程度及大小，以及最後能否圓滿平衡歧見。

　　有些老人家燒香拜佛一輩子，卻在彌留之際被受洗；有的子女想要簡單莊嚴的儀式，但是其他的手足卻希望隆重氣派；有的家屬想以自己的方式送別親人，但是其他親戚覺得一定要按照家鄉禮俗傳統……不勝枚舉的原因有很多很多，也一直不斷在一個又一個的案件中發生。

## 能好好道別才是善終的真諦

　　我的爸爸在日前因為癌症離世，也許是爸爸對自己的身體

狀況心中有數，他最後一次進安寧病房的幾天前，在他拖著虛弱的病體跟家中祖先上香時，他氣若游絲的跟我說了他希望的身後事處理方式，現在想起來，真的很感謝爸爸當時坦然面對死亡的勇氣。因為有了他的囑咐，讓我可以在他走後有了方向，心無罣礙的依照他的心願，圓滿他人生的最後一程。

天下無不散的筵席，生與死，都是人生必經的過程，當生命走到了盡頭，如何好好的道別是我們必須學習的功課，常常我在做臨終關懷的時候，都會提醒家屬，如果臨終病患願意談就盡量問問他對身後事的想法，人走之後才憑二個杯錢擲筊，求得的只是一個形式上的心安罷了。我們常在各種不同的管道上看到「善終」這個議題，但是我認為「善終」，不該只狹義定義在醫療層面，應該延伸到精神層面，例如，如何讓即將往生的人，能按照自己想要的方式與心願，好好的與大家完美的道別。

# 小天使——談兒童早夭

　　周末的親子餐廳裡，充滿孩子們歡樂的嘻笑聲，這是個大人難得可以放鬆片刻、孩子們也能盡情玩耍的地方。看著小玫牽著一歲多的女兒，開心的在球池中丟球玩樂，我的思緒回到了三年前初次見到她的那一天。

　　第一次見到小玫，是在醫院的兒童病房。

　　我趕到醫院時，護理師剛為孩子換完衣服，才一歲多的小男孩，可愛稚嫩的小臉看起來就像是睡著了一般，小玫抱起孩子哽咽的對我說：

　　「呂小姐，我兒子的後事就麻煩妳了。」之後她的淚水再也忍不住的決堤，當辦好所有手續準備出院的時候，小玫拒絕了我們為孩子準備的嬰兒手推車。就這樣，她一路抱著孩子離開醫院，直到抵達殯儀館。沿路上她對著兒子每一句的慈愛叮嚀與告別，讓同樣身為人母的我，也忍不住難過落淚。

　　一般來說，這麼小的孩子，身後事都是簡單處理，不會有太多繁文縟節，但是小玫告訴我：

　　「所有該做的儀式、能做的我都要做。他還這麼小還不能

照顧自己，我希望為他多做一些事，讓他能在天堂當個無憂無慮的小天使。」

可是，孩子頭七的那天晚上，小玫難過與不解的看著我，她說：

「我婆婆堅持小孩不能有塔位不能立牌位，她說傳統習俗小孩都是燒完就丟了，牌位更是不能立，因為以後沒人拜，可是我怎麼捨得把他的骨灰丟到垃圾桶？如果沒有立牌位，孩子以後的魂魄是要飄飄蕩蕩嗎？我還會再生啊，怎麼會沒有人拜？失去兒子我心都碎了，為什麼婆婆還要拿這些傳統來限制我最後能給兒子的疼愛？」

看來，婆媳之間的心結在此已經種下，我在心裡想著能做些什麼、或說些什麼才能讓她好過一些？

## 兒童早夭的處理

按照傳統習俗，幼兒夭折確實是不留骨灰、也不立牌位的。對於這個問題，我也曾經深深感到不解，而師父給我的回答是：

「傳統就是不留啊！以前土葬時代就是找個空地埋一埋，現在幾乎都是火葬，小一點的孩子骨骼發育還沒完全，火爐溫

度這麼高，根本什麼都不會剩下，大一點的也只有小小一小撮而已。再來，如果要進家族牌位，那長輩拜拜時不是就會拜到晚輩？」

嗯，道理上似乎可以說服我，但是從情感的角度，我對這個所謂的傳統還是存著問號。

小玫不放棄的不斷透過先生去跟婆婆溝通，但是婆婆堅持就是要按照傳統，身為媳婦的她為了不讓先生為難最後也只能讓步妥協。後來，我們選擇了樹葬來平衡婆媳之間各自的堅持，至少小玫以後思念孩子時能夠有個追思的地方，但也沒有違背婆婆對於孩子不留骨灰的堅持，至於牌位的部分，小玫自己私下在外面找了地方為兒子立了個人牌位，她說：

「暫時先這樣吧！等我以後生了弟弟或妹妹，就不用煩惱哥哥沒人拜了。」

小玫跟婆婆各自的堅持，其實無關對錯，只是時代背景的不同，造成了婆媳之間想法的差異。我在想，是不是因為農業社會物資貧乏，再加上以前的人多產但醫療水準並沒有現在先進，幼兒早夭是時有所聞的事。在三餐能否吃飽都成問題的年代，怎麼可能為了一個早夭的孩子做些什麼？所以便造就了這

些所謂的傳統。可是時代進步了，大家的生活也改善了，以小玫的例子來說，她也只是想在自己能力範圍內，為孩子做最好的安排，彷彿透過這些儀式，能夠稍稍彌補她與孩子之間情緣太短的遺憾。

　　「傳統」是否能隨著時代的改變，而與時並進且兼顧情理，也許就跟難解的婆媳問題一樣，需要大家的智慧與包容，來平衡彼此的歧見與差異。

# 傅達仁的安樂死——淺談善終

人生到了最後一段，究竟該如何面對死亡？

這不只考驗當事人，也考驗著當事人的家屬。畢竟，躺在床上的都是我們的摯愛家人，只要有能力，一般人都會竭盡所能來挽留他們的生命。

只是，知道自己生命即將走到終點的那個人，又是懷抱著什麼樣的心境呢？這些人多半是病痛纏身，生理機能正在消褪，也許是癌症、也許是臥床許久的不治之症，有些人或許求生意志堅決，仍想與死神搏鬥到底，但有些人或許已被病痛折磨到自覺生不如死，只想求個痛快解脫。

從我們知道我們的親人即將離開，到他們撒手還有一段時間，這些時間或長或短，很多人會拼命挽留最後的時光，而有的當事人，卻希望選擇另外一種方式離開人間——「安樂死」。

## 安樂死的爭議

安樂死的爭議很多，有些宗教認為「自殺」會陷入痛苦輪迴；也有人認為，患者要勇敢的與病魔抗爭，不要輕易被它打倒，

做個生命的勇士；也有人為了想與親人多點時間相聚，而用醫療資源拼命挽留。於是，在握手和放手之間，拼命的拉拔。那麼，安樂死為什麼還是讓那麼多的人渴望？甚至在國外還成立合法機構，以進行安樂死？

其實，主動要求執行安樂死的，就是希望在病情已不可逆的情況之下，面對人生的最後一途，能夠安祥、和諧，包括有尊嚴的結束生命，並且不要在精神及金錢上拖累家人，造成家人的負擔。

一位即將彌留的老人家，在子女的孝心、頻頻拭淚下，動用人脈及錢財，將病重的老父或老母，利用現代的科技，將他們挽留下來；一位捨不得九十多歲的老伴離去的老人家，違背老伴生前的交待，還是讓醫生做了氣切，然後在床上躺了半年，最後還是離開……正因為大家有「愛」，所以才有這麼多狀況，我曾聽過一位家屬的椎心剖白，他說：

「我知道他躺在那裏、插著管子很辛苦，但是，只要他還躺在那裏我就還有爸爸……」

其實，我們不妨正視一下，病床上的人，他們病體承受的痛苦，不論是癌細胞的肆虐，或是其它病痛的侵擾，承受著病

痛及治療痛苦的都是他自己，我們除了陪伴及支持之外，我們沒辦法替他分擔任何一點點的疼痛，就像已故體育主播傅達仁先生曾說：

「病在我身上，我是絕症痛不欲生的人，你非要讓我受痛苦，你有什麼權力啊？」

## 安樂死牽扯面向廣泛，推行不易

對於安樂死這件事，其實牽扯到非常多的層面，包括法律、醫學、宗教、倫理以及情感等等，所以要推動合法實施真的不容易，但是我常常在想，是不是能夠將善終的選擇權，還給一個神智尚清醒，而且即將知道自己要面對死亡的人，就好像雖然我的爸爸因為癌症病逝已經年多了，但是我仍然無法忘記他癌末時對我的哀嘆：

「求求妳給我一把刀讓我死了算了。」

因為，那時他的疼痛已經連嗎啡都壓不住了，就是因為我曾經陪爸爸走過這一段，所以才能清楚了解到，如果爸爸能跳過生不如死的那段病痛折磨，對他，除了是善終之外，而對身為女兒的我，應該也會比較容易走出悲傷。因為，直至今日，

我仍然忘不掉他那被病痛折磨到不成人形的身影。

或許有人認為，安樂死不就是等同於自殺？最後都是以非自然的方式結束生命，撇除掉宗教和道德觀，我大概能理解盼望推動安樂死的朋友的心情。安樂死所追求的，是一個合法結束生命的尊嚴。而自殺，在既有觀念中就是一個逃避或不名譽的死亡方式。

安樂死的出現，提供給一個可能飽受病痛長達數年、數十年的病人，一種新的選擇。其實，仔細去研究國外的機構，他們對於安樂死，也有許多前提，更是要通過嚴格的審核與心理評估，或許更因為懂得生命的珍貴，所以在人生的最後一段時，有不同的人提供了不一樣的選擇。

生命最終會走到盡頭，要拉長生命的長度與時間，或是生命的寬度與品質，是理性與感性之間的拔河，其實早在遠古時候，我們的祖先們就已重視善終這個議題，根據《書經》紀載，五福是：「一曰壽、二曰富、三曰康寧、四曰修好德、五曰考終命。」其中的「考終命」指的就是善終、好好的活，也是我們終其一生追求的目標，但是當藥石罔效的情形下，「如何好好的死」，是一個很難但卻是我們都應該好好思考的議題。

# 考考？妣妣？——
# 談同性伴侶的治喪

香港歌手盧凱彤墜樓身亡的消息，讓我震驚不已！

我平常雖不關注流行音樂或娛樂圈的動態，但盧凱彤卻讓我印象這麼深刻。因為她獲得了第 28 屆金曲獎最佳編曲人獎，在上台領獎時盧凱彤大方出櫃，並在台上向她的太太發表了一段深情感言。在當時，社會上為了同婚及多元成家的議題討論得沸沸揚揚，盧凱彤那句對太太說的：

「有了妳，誰還需要完美？」成為當時城中熱門議題的一大焦點。

事實上，同性的戀情並不足以為奇，從歷史來看，不論是「斷袖」還是「分桃」（註），早就有脈絡可循。近代的科學家更是企圖從生理或基因上，去研究同性戀是否跟異性戀有什麼不同？但為什麼這個議題會引起這麼大話題，甚至走上街頭遊行爭取權益？

過去的我，可能無法清楚知道到底他們要爭的是什麼，但在接觸相關案件之後，我才知道——即使不看法律層面的問題，光是在喪葬習俗這部分，他們的世界是受到了多大的擠壓？不

---

註：「斷袖」為漢哀帝與董賢、「分桃」為衛靈公與彌子瑕的故事。

論我們支持或反對同性婚姻或多元成家，但是我覺得，在喪葬習俗的這區塊至少可以給予尊重。

## 同性戀者所面對不為人知的壓力

同性戀也好、異性戀也罷，很多同性戀者在各行各業，或是他們的專業領域都大展其才，並成為穩定社會的一份力量。盧凱彤身為公眾人物，更讓人關注，至於那些還沒有浮上檯面的同性戀，也不在少數。長久以來對同性的偏見，讓很多人無法坦然公開自己的性向。如果再加上所謂的「倫常」，更是讓同性與傳統產生巨大的碰撞，白先勇所著「孽子」的情節，在同性的原生家庭還是有可能發生，而喪葬部份，更是存在龐大的壓力。

在目前的訃聞或是告別式上，常常會用「義兄」、「義妹」、「義子」或是「義女」等稱呼，來送彼此的伴侶或長輩，有些親友更是以「查某女婿」或是「查甫媳婦」來稱呼孝男、孝女的另一半。親友們明明就知情，但就是不能接受「正常」的稱謂出現在告別式上，要不然也不會有之前某位法務部長提出的「考考」、「妣妣」的疑慮了。

## 古禮如何呈現

在《禮記－曲禮下》中有載：「生曰父，曰母，曰妻，死曰考，曰妣，曰嬪。」所以墓碑或牌位上會刻寫「顯考」、「顯妣」。一般來說，家族中供奉的神主牌位，祭祀與記載的是家族的歷代祖先們，所以即使家族中有某一代出現同婚，也不會影響考妣的寫法。不管是男男、女女同婚，可在顯考、顯妣之下，並列兩人的姓名，又或者，同婚者想要依照自己在婚姻、家庭中的角色身分，分寫考妣也無不可。畢竟「一人一家代，公媽隨人拜」，誰有權力置喙別人家祖先牌位怎麼寫？

而百度提到，在《考工記》解釋：「考，成也；妣，媲也。」所謂「成」，就是指父親將兒女們養大成人，盡到了責任和義務，完成了自己的功業。而母親以她的德儀，來影響及教育子女，而德儀和功業是可以相媲美的。「考」、「妣」這兩個字可以說規定了父、母在一個家庭中的責任與義務。我們不禁反思，以同性做為伴侶，卻又盡著家庭中的責任與義務，所謂同性婚姻與異性婚姻，又差別在哪裡？至於選擇了異性為伴侶，真的就會盡到家庭的責任與義務嗎？

而因為同性婚姻釋憲案，牌位上「考考」、「妣妣」的寫法，

也引起網民熱議，在法律、傳統觀念與習俗、社會風氣與壓力之下，同性關係在喪禮過程中，一直無法同其他家眷，受到合理的對待。雖然現在普羅大眾已經能夠漸漸接受非傳統的婚姻組合，但他們阻力也仍然不小，所以盧凱彤一番公開的告白，顯現了他們追求幸福的勇氣與不畏世俗的勇敢。隨著大法官釋憲，認為同性的婚姻應受保障，希望也能夠帶動改變殯葬習俗人權的觀念，讓每個治喪環節都能夠更平權、更平等。

# 無家可歸的女兒——
# 淺談女性牌位

　　滿姨是個傳統的舊時代婦女，她的前半生充滿了坎坷，猶如油麻菜籽一般，艱苦卻也堅強。她從小就被送給人家做養女，在那困苦的年代，要幫忙家中農作和操持家務外，年幼的弟妹也是滿姨一手帶大。到了適婚年紀時，在養父母的作主之下，把她嫁給了遠房親戚的兒子，或許因為是奉父母之命的婚姻並無感情基礎，滿姨的先生對她並不好，總是對她大呼小叫、怒目相向，酒後更是拳打腳踢的一陣毒打。有一次被打到受不了了，只能忍痛留下二個兒子，逃離那個家。之後滿姨找到一個工廠煮飯打掃的工作，她在工廠一待就是十幾年，直到後來認識了喪偶的德叔，才終於有了一個依靠，德叔和滿姨相知相守了二十幾年，雖然沒有正式辦理結婚，但感情好到羨煞旁人，滿姨病後的這二年也是德叔親自照料，就連現在滿姨的身後事，德叔也親力親為的一手打點。

　　本以為滿姨辛苦的一生就這樣落幕了，沒想到命運對滿姨的為難沒有就此結束。在傳統的習俗下，滿姨的牌位無處可去，傳統觀念裡嫁出去的女兒，就如同潑出去的水，所以滿姨的牌

位不能回娘家，而滿姨的二個兒子雖想供奉滿姨，但是家中還有其他長輩及繼母，所以也無法把滿姨請回家；而滿姨跟德叔沒有正式的婚姻關係，且德叔過世太太的親戚也反對德叔把滿姨牌位請回來，就這樣，滿姨竟然「無家可歸」。

## 女兒的牌位不得入娘家宗祠

傳統習俗「規定」，女性不論是未婚、已婚（已婚者須入夫家祖先牌位）或離婚，往生之後，是不能列入娘家宗祠及牌位供奉的。在以前，單身的女性往生之後，牌位只能放在俗稱菜堂的寺廟或姑娘廟，甚至由後代親人尋找冥婚的對象，讓神主牌有人供奉。一些鄉土民俗劇就常常演出這種嫁娶神主牌的戲碼，而現代雖然好一點，除了寺廟或姑娘廟之外，還有公私立的塔位園區也有供奉牌位的服務，但是這種單身女性不能列入娘家祖先牌位的「規定」，並沒有隨著時代的變化與進步而有所改變。

以前的女性因傳統觀念的束縛以及沒有謀生能力，所以即使婚姻不幸福，為了孩子、為了名聲，都不敢輕易離婚，因為害怕親友及社會的議論及異樣眼光，但是現代的女性，思想獨

立、經濟自主，工作能力和收入都不輸給男性，不見得要選擇婚姻或是留在不幸福的婚姻中忍耐，當單身女性的比例越來越高，如果觀念及做法再不改變，以後這種女性牌位要面臨的問題也會更多。

## 師娘碎碎念

我最近就在想一個問題：假設單親媽媽自己獨自扶養兒子，而兒子從母姓，媽媽因為未婚所以往生之後，牌位在外找地方供奉，可是當兒子也百年以後，因為姓娘家的姓氏，所以兒子的牌位是？進娘家祖先牌位嗎？這樣合理嗎？

# 枉死的靈魂去了哪

人的情感有紛雜微妙，尤其是男女之間的情感，更是糾葛不清。我愛你、你愛他，這樣的戲碼永遠在上演，如果能夠在一起，就是有情人終成眷屬；如果不能在一起，就是理智與智慧的考驗。有人能夠選擇祝福彼此，揮揮衣袖不帶走一片雲彩；但也有人走不出情傷，這些人的心中，難免有些仇恨或不甘，有人為情自殘，也有人選擇毀滅彼此，變成恐怖情人，不是你死、就是我亡。

從社會新聞案件可見，這類的例子層出不窮，不論學歷高低或生長環境背景，總是常常看到有人被情障困住的事件，所以才有人說智商與情商不能成對比。對於不能得到的愛戀，就痛下殺機，加害者自有法律去制裁，而受害者的靈魂，在民間觀念，則被帶到了「枉死城」裡。

## 在枉死城靈魂，連中元節也不得離開

在民間信仰裡，枉死城裡所收容的，都是一些在陽壽未盡前出了意外，而提早結束生命，而在這裡的亡靈，是無法投胎

轉世的。不論受了多大的冤屈，這些靈都必須待在枉死城裡，等到原有的歲數滿了，才可以放出來，接受十殿冥王的審判之後，或轉世，或拿到黑旗令，可以為自己報仇。

傳統信仰認為這些在枉死城的靈魂，有點像是被集中管理，不讓他們在人世間遊蕩，驚擾世人，也不能讓他們飄飄蕩蕩無所歸依，所以就統一在枉死城保護管理。只是在這裡的靈魂，就算是中元節也不能夠離開，也就無法獲得陽世親友燒給他們的紙錢，會有個「庫官」在他們住在枉死城的這段期間，替他們管理，等到離開時再還給他們。

## 家屬藉由「打枉死城」儀式，盼亡者早日解脫

而遭逢意外的死者，因為是猝逝，所以很多都是未留下隻字片語，親屬們在毫無心理準備下面對他們的意外離世，心中的悲傷會比一般自然壽終的狀況更加哀痛。在一般的觀念，都認為這些枉死的靈魂，在城裡受盡痛苦，所以在陽間的親友，就會做法事，希望能夠讓這些冤死的靈魂，早點脫離枉死城，這時會有個「打枉死城」的儀式，是屬於「落地府」法事的一種。

所謂「打枉死城」，並不是真的去把枉死城打破，如果這

樣的話，不是要把枉死城裡，所有的亡靈都放出來？那反而會
天下大亂了。一般的做法，是請法師請神、請地藏王菩薩赦免，
請東、南、西、北門找出枉死的人，從枉死城帶出來。而儀式
流程就包含了請神、帶魂、開路、出城、牽亡、超度、拜飯、
施藥和送亡等儀式並舉行超度儀式，希望幫助亡者早點離開枉
死城，投胎轉世，讓枉死的人，忘掉在世時的不愉快，迎接新
的來生。這是所有亡者家屬心裡的期望。而對於我們禮儀服務
人員，我們不只希望讓受傷的靈魂，能夠早日得到安息，更希
望那些面對親人猝逢意外逝世，而悲痛不已的家屬與親友，能
夠在送終的最後過程中，得到安慰。也許會有人認為，很多的
習俗信仰無稽或迷信，但是在我心中，很多的儀式追求的不只
是圓滿亡者，更重要的是能透過信仰力量的支持，撫慰在世的
親屬。有時候，儀式不只是儀式，也是一種協助喪親家屬們走
出悲傷的心理治療。


## 面對感情，態度都該從容優雅

　　或許是我每天看的都是生離死別，在生死面前，悲歡離合
顯得比較容易釋懷，也或許是年歲漸長，看的、聽的、經歷的

多了，對事情的體悟也漸漸不同。那天跟好友聊天，她的女兒開始談戀愛了，她說她教女兒的第一堂感情課程就是「拿得起、放得下」，我告訴她，其實拿得起、放不下（我指的是心情狀況），也無所謂，畢竟人就是有血有肉的感情動物，每個人走出情傷的時間本來就沒有標準，但不能是拿得起、卻不能放下然後傷人或自傷。不管在何種狀態下，面對感情，我們都要保持優雅的態度，你走、你留，我都依然可以是我！就算做不到放開手後的彼此祝福，也不要變成恐怖情人、玉石俱焚。

# 早逝的女孩——
# 淺談亞斯伯格症

　　因為一個自殺身亡的案件，開啟了我認識亞斯伯格症的門，這才了解到，不善與人交際、有著自己世界的亞斯柏格症患者，在人與人之間的交際上，往往產生困難與阻擾。重症的亞斯柏格患者，或許還能由差異較大的行為看出與一般人不同，而看不出來的亞斯柏格患者，就常常是隱憂。因為他們的外表太正常了！正常到以為就跟一般人沒有二樣，所以我們對他們差異的行為，反而有了偏見。有時候，悲劇就是由小小的偏見，逐漸堆疊而成。

## 亞斯伯格症

　　亞斯伯格症和自閉症有許多類似之處，卻又明顯不同，但他們同樣都遇到許多常人所無法理解的困擾。在一般人眼中視為理所當然的事，對亞斯伯格症的患者來說，卻難以費解，因為他們在語言、社會和認知能力方面的表現皆異於一般人，所以常常會在人際關係上受到挫折。

　　記得那天，我正在外地出差，突然電話響起，是我一個朋

友打來的，她打來的時候，語帶哽咽，在我詢問之下，才知道她的妹妹昨晚在家中房間自殺了。

雖然家人們發現後急忙送醫搶救，但仍挽救不了妹妹的性命。我來到朋友的家中，看到她的家人哭紅了雙眼，而他們見到我，一臉茫然地勉強打起精神，問我該如何處理妹妹的身後事？朋友的妹妹還很年輕，當年正準備從大學畢業而已，正是人生要起飛的年紀，誰都沒想到，竟然會發生這種事，人生的樂曲就如此畫下休止符。

治喪期間，我聽佛堂工作人員說，朋友的媽媽每天都會過去，每次去的時候，就會站在牌位前面，喃喃自語、淚流不止。雖說英年早逝，但她的爸爸媽媽堅持所有該做的流程都要做，不因早逝而簡化流程，只希望能夠讓她早點擺脫紛擾的人間，遠離痛苦。而疼愛妹妹的姊姊，雖已外嫁有了自己的家庭，但姊妹倆是彼此唯一的手足，所以雖然姊姊白天要上班、晚上要照顧二個年幼的孩子，仍然排除所有的困難，出席每場的法會，整個治喪的過程中，我除了知道朋友的妹妹是因為自殺離開，其他一無所知。畢竟多問無濟於事，只會增添家屬的痛苦，除非是家屬願意跟我聊聊，不然我一向扮演被動的角色，不會為

了滿足好奇心而刻意多問跟工作無關的部分。

　　不過，我知道妹妹生前愛聽音樂，也有著少女浪漫氣息，喜歡粉紅色，所以在告別式的會場，我以粉紅色系作為佈置的主體，並請樂隊在現場演唱妹妹愛聽的歌曲，而疼愛妹妹的父母，更是為女兒燒了一間精美的紙厝、平板電腦，還有手機及庫錢，只希望妹妹在另一個世界能無憂無慮當個快樂的天使，甚至連塔位的編號，也是選擇妹妹的生日。

　　一直到告別式完成，晉塔當天，朋友的媽媽握著我的手，不斷跟我道謝，她說告別式上的種種，包括瞻仰遺容時，我為家屬準備獻給妹妹的粉紅色玫瑰，都是妹妹所喜歡的。她還說，經過了這場告別式，她喪女傷痛的心靈有被撫慰，也相信經過這些儀式之後，她的女兒在另外一個世界，一定會過得很好。

　　這時候，她才娓娓道來，原來妹妹患有亞斯伯格症，不擅表達的她，常常被同學、朋友誤會，在人際關係上，吃了很多苦、受了很多罪，也一直有厭世的想法，只是沒想到在那一天，妹妹的情緒不穩，把自己關在房間裡，憾事就這麼發生了！

　　亞斯伯格症的症狀之一，就是他們欠缺交友的能力，思考模式也不像一般人，有時候會千思百轉，但他們其實很單純。

正因為如此，導致在人際關係會有障礙，除非知道內情的人能夠體諒與包容，否則很容易誤會亞斯伯格症患者，認為他們是「怪咖」，而逐漸疏離，更甚至產生排擠或是霸凌。

我不太清楚妹妹是屬於哪一種，不過，因為這件案子，我才知道身為亞斯伯格症患者，不論是自己，或是家人，都會過得很辛苦，社會對亞斯伯格症的了解，似乎可以努力再多提升，即使不確定對方為什麼會有怪異的行為，也可以透過了解後多點寬容。畢竟，一樣米養百樣人，亞斯伯格症患者，也只不過是其中一種，和一般人一樣，在努力的生活著。「寬容」、「體諒」，是在人際交往時，最基本的同理與溫暖。

朋友的媽媽還告訴我，告別式的那個晚上，妹妹終於入夢來了，妹妹說她只是因為被排擠誤解，所以一時情緒激動想不開，沒想到卻弄假成真，媽媽說，雖然她很悲痛失去了一個女兒，但她並不埋怨曾經對妹妹不友善的人，她只希望大家能夠有機會多了解亞斯伯格症的患者，讓這個社會能對這些患者們更友善一些。

雖然我從事生命禮儀服務，而這個行業常給人禁忌或迷信的印象，但我一向是敬鬼神但不迷信，然而，在媽媽跟我訴說

妹妹入夢的這一刻，我真的希望鬼神之說是真實存在，在家屬傷痛的時候，亡者的靈魂可以進入到每個愛他們的人夢裡，對他們訴說來不及說的話，跟他們好好的道別，因為，只有當看著摯愛的人在另外一個世界過的好時，這樣家屬才會將心頭的痛放下，也才有機會放逐漸放下悲傷，重拾正常的生活。

　　我始終相信我們的人間社會是有愛的，歧視並不是刻意存在，只是因為不夠瞭解。然而，生命無法重來，遺憾造成了就無法回頭，只希望悲傷可以漸漸抹平，留下的不是傷痛而是曾經共有的美好回憶，以及喚起大家去重視並了解問題。妹妹用她短暫的人生讓她身邊的人們了解亞斯伯格症患者的困難，希望妹妹的家人們所有悲傷都留在那天的告別式上，接下來的日子裡能夠隨著時間的流轉重新振作起來，也希望在天上的妹妹擺脫痛苦紛擾的人世之後，能夠離苦得樂，守護她的家人們平安無憂。

# 身為X家人，死為X家鬼
## ——離婚女性的辭祖儀式

　　大雨剛過的午後，好一陣子沒見的國中死黨惠美心事重重的跑來找我，才剛坐下還來不及喘口氣，一開口就是：

　　「妳能教我怎麼辭祖嗎？」

　　我心想：

　　「嗯！又是辭祖，這個問題似乎困擾著不少離婚女性。」

　　惠美喝了口茶，開始訴說她這幾年的遭遇。幾年前結束了和前夫十年的婚姻，歷經婚變後的她，選擇一個人帶著二個孩子出來生活。十年的婚姻生活中，她都一直待在家中相夫教子，瞬間成為單親媽媽的她，在跟職場重新接軌上花費了很多的心力，帶著二個孩子除了要一肩扛起經濟重擔，還要在工作壓力與孩子的照顧養育上奔波周旋。前陣子認識了一位很談得來的對象，就在她以為自己已經要雨過天晴的時候，那位男士卻突然提出分手！覺得自己命運多舛的惠美，忍不住跑去請算命師替她算命，算命師告訴她：

　　「因為妳離婚時沒有跟夫家祖先辭祖，夫家的祖先仍然認為妳是他們家的人，所以當然不能讓你在外面有對象啊！」

惠美一臉沮喪地看著我：

「我們當初離婚時搞到不歡而散，現在他怎麼可能讓我進去他們家辭祖？」

## 辭祖的作法

辭祖，是一種習俗也是一種儀式，以我的想法來解釋，就是一種禮貌和尊重吧！當初結婚時，我們都拜過夫家的祖先，以灑狗血的方式來形容，就是「拜了這柱香之後，我生是 x 家人，死是 x 家鬼」。當初進門時，浩浩盪盪舉行了儀式，現在要走總也要打聲招呼。簡單來說，就好像我們去別人家做客時，會跟對方家長打招呼，離開時也會說聲拜拜吧！

辭祖的儀式其實很簡單（如果還來的及做的），準備水果或方便祭拜的食物以及祭祖的金紙然後上香向祖先稟報：

「我 xxx 已經和你們的子孫 xxx 協議離婚，今日在此跟祖先稟報，從此以後我們再無瓜葛，我 xxx 從此不是 x 家人，死也不是 x 家鬼。」

若孩子由女方監護要跟著一起離開夫家，也要記得一起跟祖先說明，讓祖先知道孩子的去處並繼續保佑他們的子孫。

## 不方便至前夫家辭祖怎麼辦？

可是，像惠美這種不歡而散的分開，法律生效後才發現需要辭祖的又該怎麼辦呢？那就到城隍廟去誠心誠意地跟城隍爺稟報，妳要和哪家的祖先辭祖、因為什麼原因沒辦法親自跟祖先辭祖，請求城隍爺幫妳做主。

關於辭祖這件事，我認為每個人的際遇不同，未必沒辭祖的離婚女性就都運勢不好、不順利，脫離婚姻重新出發的女性們都有各自的挑戰要面對，經濟的困難、重回職場的不易、一個人帶著孩子生活的種種壓力，每個人都有著各自的辛苦與心酸。不順遂時，我們總會想著到廟裡求神拜佛，保佑我們順利。辭祖這個儀式就像我們拜神一樣，求的就是一份心安。心安了，路也許就跟著順了！

# 壽終一定要正寢？

　　傍晚的公園裡孩子們嘻笑奔跑玩著各種遊戲器材，難得的放假空檔可以享受和女兒的親子時光，正想著待會要去哪吃晚餐時，手機的鈴聲突然響起，接起電話後電話那頭傳來的是著急恐慌的語氣：

　　「請問妳是呂小姐嗎？我爸爸快不行了，我們剛把他從醫院帶回家，妳能趕快過來嗎？」

　　一進門，映入眼中的景象至今仍無法忘懷。一位即將臨終的病人躺在客廳沙發上痛苦哀嚎，旁邊有哭成一團的家屬以及忙著準備物品的親友。由於該案件為轉介紹的陌生案件，事前家屬也沒有找我做過臨終諮詢，我在一無所知的狀況下，詢問過家屬後才知道病人是大腸癌合併全身轉移，早上醫院通知病人所有維生指數都在下降，因為病人的臨終心願是要回家，於是在家屬的要求下，醫院為病人打了強心針，讓他能留住回家的那一口氣。當聽到癌症合併全身轉移及施打了強心針，我暗暗倒抽了一口氣。

　　大多數的臨終病患都會希望能夠回家，回到那個充滿著回

憶及感情的熟悉地方，再看一眼。有時後，即使病患本身沒有提出要求，不少家屬仍有回家斷氣才是壽終正寢的傳統觀念。可是，並不是每一種臨終狀況都適合回家，在這種狀況來說就不適合。癌末全身轉移的痛苦，不是我們可以想像的，但是當決定回家的那一刻起，止痛的藥物停止了，強心針施打後，剩下的就是回家等強心針的藥效退除，病患才能緩緩的嚥下那口為了回家的最後一口氣，從此從病痛的軀體中解脫。這個過程要多久，沒有標準，就像那天我們足足煎熬了五個多小時，病患才停止了心跳和呼吸。為什麼用「煎熬」來形容？在那幾個小時中，也許是因為身體承受著極大的痛苦，也許是因為知道即將要永別親愛的家人，病患除了停不了的痛苦哀嚎之外，眼角流下的是止也止不住的淚水。一旁的家屬們，除了無助的眼睜睜看著他痛苦之外，什麼也做不了，中間一度想把病患送回醫院，但醫院在電話中的回覆是「就算送回來我們也什麼都做不了，只能等強心針藥效退」。那時，家屬跟我說他們好後悔、好後悔，早知道狀況會是這樣，他們就不會做這種決定。

曾經，我也身為家屬，我的爸爸在臨終前也曾提出想要回家的要求，我和家人們也曾陷入天人交戰的討論和掙扎，但是

理智上我們都知道，爸爸的狀況並不適合回家，留在醫院是對他最好的選擇。於是，我們告訴他，我們大家都在一起的地方就是「家」。師娘看過很多為了回家而產生的各種狀況，狀況真的不適合時，真的不要徒增臨終病患的痛苦。

　　想回家，其實也有別種方式，科學告訴我們，人斷氣後聽覺是最後消失的，我們可以在辦好手續離開醫院後，請接體車在住家附近繞一下，告訴往生親人，我們帶他回家了，這樣的方式也許不完美，但是至少無害。

# 久病床前無孝子？

「孝」，是中國傳統固有美德，不過「孝」如果碰到老人家躺在病床上，生活無法自理、大小便失禁、行動需要攙扶，亦或是根本無法走路、上下樓梯都要人揹著呢？又或者是躺在床上、插著鼻胃管、飲食都需要人為照料，身體隨時都有可能出狀況，照顧者甚至無法離開家裡超過五分鐘？在這時候，「孝」就出現了考驗。

「老」的問題，一直存在。人從一出生開始，就逐步邁入老年，而台灣又是個高齡化的國家，人只要一老，身體就會老化、衰竭，最後走向死亡。在老化到死亡這中間的過程，若是老人家的身體還算硬朗，那是子女的福氣，如果有一天，老人家倒下了，照料的人，首當其衝就是子女了。而且，這個狀況還是建立在子女有心想要照顧老人家的基礎上。

只是，這往往與幾個問題脫不了關係：金錢及人手。家裡經濟較佳的，可以請看護或外籍勞工，但由於看護或外勞跟老人家不夠熟悉甚至語言不通，所以他們通常還是只能站在協助的角度，由子女晚輩們擔任主要照料的角色，請來的幫手並無

法完全幫助家庭卸下重擔。而經濟不允許的，子女晚輩們只能擔起全部的照顧責任，但是這常會衍生另外一個問題，負責照顧的那位子女，勢必要放下工作、全天陪伴，那麼收入又要從何而來呢？

除了經濟因素之外，在長期面對照料老人這一塊，精神和時間上都是很大的挑戰，因為永遠不會有人知道，老人家下一步，會有什麼樣的狀況？成天提心吊膽，望著老人家日趨衰弱的身子，心中不忍，希望他早點解脫，但是，那是撫育自己長大的父親或母親啊！情感上無法割捨。想要鬆手，或是找個空檔的時間喘息一下，又覺得對不起床上的老人家？

經濟上的壓力是個折磨，照顧老人家亦消耗著自己的心力，兩者是個循環，讓一個中壯年的人生，可能就在此停頓了。面對自己的人生，以及孝道之間的平衡，讓人陷入了矛盾，甚至有社會悲劇的發生。即便情感上想要照護，但有沒有能力去照顧也是個問題。

老人照護的議題一直存在，但正視它的卻沒有那麼多，往往都要等到家裡有老人家開始接受照料時，才感到沉重。

前陣子我幫家屬辦了告別式，往生者是個九十多歲的老人

家，臥病在床許久，他的孩子也盡著自己的責任，從自己五十歲時就辦理退休開始照顧媽媽，直到今年他已經七十歲了。我很難忘記在醫院接體的那一刻，我看到家屬空洞而茫然的眼神，還有像洩了氣下垂的肩膀，散發出不捨長輩離世，但卻又似解脫的樣子。

「久病床前無孝子」，是因為「不孝」，還是因為「孝」真的太沉重？

其實不一定是子女，夫妻之間照顧另外一半，也是常見的。偶爾還可以看到丈夫或妻子，或是子女因為不堪長期照護的壓力，而做出極端選擇的新聞。他們一定不是大惡之人，只是被照護的問題壓得喘不過氣來，照護一個臨終或是重病的人，他們承受了許多的壓力，有自己的、社會的，還有病人的。

在已經邁向老人化社會的台灣，這個問題不會結束，只會越來越多，也不會只是個案，更有可能是我們未來每個人都要面對的問題。

台灣目前的平均躺床時間是七年多，比國外很多地方多出很多倍，北歐甚至有些國家平均躺床時間低於一年，原因在於國外有些國家注重老人健康管理及預防，而我們則是著重在病

後的醫療照護，我們每個人除了有可能是照顧者，更有可能在未來成為躺床需要被照護的人，除了希望政府有對的政策能讓面臨長期照護的家屬們，可以減輕一點壓力，用整個社會的力量一起來協助這照護者，一起照顧老人或病人，讓他們知道，其實他們可以有個喘息的空間，更希望政府單位能借取國外經驗，從預防醫學開始著手，降低平均躺床時間。在《禮記‧禮運》裡寫道：「故人不獨親其親，不獨子其子，使老有所終，壯有所用，幼有所長，矜寡孤獨，廢疾者，皆有所養。」古人早已留下了智慧結晶，善終不只是天意，也是在智慧下做出的選擇，願你我都能有足夠的智慧，自得其所。

# 把握機會，不留遺憾

這天晚上，是福嬸的頭七法會，師父在完成第一階段的調請儀式之後，先請大家休息片刻。趁著休息的空檔，福嬸的兒子走來跟我說：

「我爸爸從我媽走了之後就一直關在房間不出來，他一直覺得虧欠我媽太多。他們年輕結婚時沒錢，所以我媽沒有穿上婚紗照張相，之後我們兄弟姊妹一個個相繼出生，我媽忙著家務和照顧這一家子老老小小，而我爸就忙著工作賺錢，沒想到時間一晃眼就這樣過去了，我媽突然一病不起的走了，我爸一直後悔沒有完成我媽的心願，帶她好好去拍張婚紗照。」

在執行案件的時候，我常常會聽到家屬們說出許多遺憾及後悔的話，例如，

「他走的前一天還吵著跟我說想吃漢堡，我安慰他，你現在不能吃，等你好了出院後我再買給你吃，我好後悔那天沒去買給他，就算只吃一口也好啊！」

「如果當初我多關心他一點，他的病情是不是不會惡化的這麼快？」

「他知不知道，雖然我沒說出口，但是其實我很愛他？」

每次聽到這類遺憾的話語，我的心也會跟著緊緊、酸酸的。

## 至親離世的傷痛，部分是源於心中的遺憾

至親離世的傷痛，有很多不同層面的原因可以討論，有時候喪親的傷痛並不一定只是因為不能面對現實接受親人離去的事實，很大一部分的傷痛，是來自於心中的遺憾，當心中的遺憾越大，傷痛的程度就會越大，而走過傷痛的時間也會越長。甚至有些家屬會產生否定自己、或自責的負面情緒，這樣的情緒，會困著他很久很久。

在死亡已不可逆，至親生命進入倒數時，我們真的應該好好思考，有沒有什麼事情現在不做，會造成將來永遠的遺憾？有沒有什麼話不說，以後就再也沒有機會說？在死亡面前我們能不能不留遺憾？我們能不能不是只跟臨終的親人說：

「好好養病，不要胡思亂想，你很快就能出院了。」

我們能不能改成告訴他：

「謝謝你出現在我的生命中，陪伴我、照顧我，我愛你。」

那天，在福嬸的告別式上，我們在她的靈前擺上她跟福叔

的婚紗照合影，雖然只是張合成的照片，雖然照片來的有點晚，但是，看著福叔拿著照片站在福嬸的靈前喁喁私語，這張照片撫慰了福叔喪妻的哀痛，也在福叔往後療傷的路上，提供了正面的力量。

# 關於禮儀師這一行

關於我眼中的殯葬業這個行業，我常常遇到很多想要進入這個行業的年輕人，問我說：「要怎麼進入這個行業？」通常我都會先問他們：「你做好心理準備了嗎？」他們通常都會回答：「我做好心理準備了！我並不害怕看大體！」可是其實這一個行業所要面對的挑戰，並不是只有不害怕看大體，還有其他各式各樣的專業習俗跟必備的技能。

## 殯葬業者真的很好賺？

我常常遇到朋友問我：

「殯葬業真的這麼好賺嗎？」

其實我不曉得這是從哪裡來的想法，或許是媒體吧！常常在新聞上看到「殯葬業年薪兩百萬」等等聳動的標題，但這種高薪應該已經是以前的行情了。在現代網路資訊透明化、價錢都公開化的時代，其實殯葬業的薪水真的沒有這麼高薪，可是它的辛苦程度卻是超乎我們的想像。

## 最有印象的經驗？

有人問我：「接觸過最有印象的大體是什麼？」

其實我們這個行業不會都只看到完整、自然狀態的大體，因為死亡的狀態有各式各樣。我接觸過最有印象的大體是自己的一個親人，他是自焚離開的，那個時候我看到他的時候，他的身體整個捲曲、碳化，這是我目前最有印象的大體。

當然我也聽過同業剛入行的時候，他說他一進入這個行業的時候，因為他們公司是專門做意外現場的，他說他上班的第一天，老闆就給他第一通電話說：「走！我們要去接體了。」然後他到了現場，老闆就給了他一雙手套跟一個湯匙，他那時候還一時莫名其妙地想說：「為什麼老闆要給我湯匙跟手套？」到了現場才發現，那是一個高處墜樓的意外現場，因為大體狀況不好，而且他的腦漿都在地上了，所以需要給他一個湯匙。他說經過第一天的震撼教育之後，後面幾乎就沒有任何的困難可以難倒他了。

## 殯葬業的辛酸

所以其實各式各樣的大體都是我們必須面對的挑戰，我們

工作到底辛苦、心酸的地方在哪裡呢？

我們的工作時間真的很不固定，基本上這是「24 小時 on call」的工作。

我們常常睡覺的時間比狗還要晚，可是起來的時間比雞還要早！有時候如果我們半夜接到電話需要去接體，然後再加上家屬助唸，可能到了清晨我們才會結束工作、暫時告一個段落。可是可能我們早上七點有第一場的告別式，第一場的告別式我們七點之前就要在殯儀館待命、做好所有的準備，所以前一天的接體、隔天的告別式，告別式結束之後通常接著還有火化、然後家屬進塔的儀式，儀式整個結束完成之後可能到了下午，到了下午之後可能我們前一天的家屬需要開會討論治喪事項及種種安排，所以我們要接著再到家屬家中去做治喪規劃協調。

通常我們休息的時間可能忙完之後都是 24 個小時之後的事情了，吃飯的時間也不固定。像我就常常發生，有時候陪小孩、陪家人在家庭聚會，聚會到一半我就必須先離開，我們也常常在年夜飯圍爐的時候，吃到一半碗筷放下了之後我們就要跑，為什麼？因為電話來了。

## 辛苦無人知

不管天氣多冷多熱、白天晚上，只要工作來了我們就是必須要出門。甚至我自己曾經在懷女兒的時候，大著肚子去接大體，坐月子期間也要繼續出來幫忙做告別式，這些都是心酸的工作歷程，不是一般人能夠想像的。

而在網路發達、資訊透明的時代，殯葬業早已不是高薪或高報酬的行業。支撐著我的是使命、是責任感，也是不忍家屬在喪親最傷痛無助的時刻，背棄他們的信任與托付。我並不覺得自己這樣做有多了不起，因為在這個行業裡的很多人，都是這樣的在付出。而家人們，也總是在身後支持並包容著我們。

會進入這個行業，仿佛是命定。我的爸爸年輕的時候曾開過葬儀社，那時還是土葬居多的時代。小時候，我常跟著爸爸去公司上班，在一具一具的棺木旁邊跑跑跳跳。雖然後來爸爸轉業了，但是繞了一圈，我卻又陰錯陽差地進入了這個行業，看起來，似乎都是命運的安排。

今天就算給我機會重新選擇，我仍然想在這個行業中安身立命，因為隨著每一場告別式的結束，家屬給予的肯定與感謝，以及後續再轉介紹案件，都是給我以及整個團隊們最大的肯定。

家屬的肯定就是我用心付出最好的反饋，這些帶著酸苦的甜，滋味更令人難忘。每個案子裡，都有著自己的家庭故事，而在這些人生故事中，我不但得到，我也學到。這些故事，都是我眼中的人生大事，也是滋養豐富我人生經歷的最大養分。

# 親愛的寶貝

現在是半夜三點十分，看著在我身旁熟睡的妳，稚嫩的小臉透著無憂的天真，媽咪卻怎麼也睡不著。我不禁想起白天時妳的童言童語，或許是二天沒見到媽咪，今天我抽空去接妳下課時，妳嘟起了小嘴、帶著埋怨的口氣連珠炮似的問我：

「妳為什麼不能做一個正常一點的工作？妳為什麼不能像其他人的媽咪一樣？妳為什麼不能在我上學的時候上班、我放學的時候妳也下班？」

一連串的為什麼，問得我一時之間不知該如何回答。

長久以來，我一直以妳的懂事、獨立為傲，直到這刻我才突然回過神來，其實妳也才剛滿8歲，妳一直以來的懂事獨立，到底是與生俱來的？還是為了配合我日夜顛倒的工作型態而造成的？

## 媽咪滿滿的歉疚

對妳，我的寶貝，其實我一直都有著滿滿的歉疚。因為早產，妳出生時只有1355g，在醫學上的定義屬於極低體重早產兒

（不滿 1500g），妳在保溫箱住了二個多月才被抱回家，回家的那天也才 2096g，因為早產造成的體弱，二歲前的妳住院幾乎是家常便飯。我一直清楚記得有一次，我在民權東路第一殯儀館辦理告別式，當棺木上車要移動到辛亥路第二殯儀館火化時，突然接到妳阿嬤打來的電話，阿嬤說妳突然高燒，耳溫槍一量居然近 41 度，阿嬤說她嚇到耳溫槍都掉在地上了，電話這頭的我雖然急得眼淚在眼眶打轉，但是還是要盡責地幫家屬把親人的身後事圓滿，所以我只能故作鎮定地請阿嬤趕快把妳帶去急診，而我則繼續領著靈車及送葬隊伍往第二殯儀館前進，一直到火化撿骨完成之後，我才飛奔似的趕往醫院為妳辦理住院手續。

3 歲左右的妳，已經是個很有想法的小小孩。每次我要去工作把妳送到阿嬤家前，妳總會自己把自己想帶的東西放進小包包。漸漸的，我發現妳的小背包裡東西越裝越多，有時候妳甚至要跟我多要一個袋子。原來，妳把妳的小被被、陪伴妳睡覺的玩偶、妳想畫畫時的色筆等等，像逃難似的妳，把一整天會用到的所有物品都帶齊了。因為，雖然媽咪跟妳說，工作忙完就馬上來接妳，常常都不是幾個小時、而是一、二天後，發現妳有這種未雨綢繆的不安全感之後，從此妳的物品我幾乎都會

多買一份放在阿嬤家，希望在我忙碌沒辦法陪在妳身邊的時候，妳在阿嬤家也能像在自己家一樣感到安心自在。

## 女繼母業的夢想

妳常常童言童語的跟我說：

「媽咪，等我長大以後也要去妳公司上班。」而我總是反問妳「妳知道媽咪的工作都在做什麼嗎？」而妳，也總是一臉天真的回答我：

「我知道啊！如果有老爺爺、老奶奶或是生病的人要去當天使的時候，妳就要去幫忙，就像外公爺爺去當天使的時候那樣。」

外公的病逝，是妳人生的第一堂面對死亡課程，妳也因為參與了外公的身後事處理，所以對媽咪的工作有了比較清楚的認識。

但是，寶貝，媽咪對於妳長大後想要進入殯葬業的童言童語，有著很大矛盾的擔憂，雖然妳還很小、未來的事情也有很多的變異數，也雖然媽咪對這個行業有著使命般的情感，也知道這個行業的未來必須要有更多的年輕熱血來傳承。但從一個

151

身為母親的角度，我卻不希望妳來女承母業。總是日夜顛倒不定時的工作，除了對身體健康有很大的影響，在生活與人際交往上也有很多的問題。

## 不為人知的為難

　　妳有沒有發現，每次我們要安排家族出遊時，其他家人們總是要在群組上問媽咪的時間能不能配合，即使大家都已經很辛苦的體諒配合我的時間了，但常常因為有突發狀況，不得已還是放了大家鴿子，對所有的家人們，我真的也是有滿滿的抱歉。我記得有一次，跟媽咪的幾位好朋友約好要去參加其中一人的新居落成，那是一個幾乎在半個多月前就大家約好的時間，但當天又是臨時要去醫院接案，所以去不成，媽咪的一個好朋友語帶埋怨的說：

　　「都已經是這麼早就跟妳約好的，妳還這樣。」

　　當下我心裡真的很難過，也從那次起我得了約會恐懼症。我不太喜歡跟朋友們預約聚會，因為會造成我很大的心理壓力，如果一定要約，我也會事先說明我有可能會有突發狀況請他們體諒，而朋友的聚會可以減少次數或是事先說明。但是，如果

有一天妳有自己的家庭或孩子，妳的另一半能不能接受妳出沒無常的工作時間、妳的孩子能不能像妳現在這樣，常常大半夜睡的正熟時被迫起床，因為我要工作，所以妳必須被送去阿嬤家，但卻沒有哭鬧與怨言？甚至，妳知道我們有多少同業因為高度不穩定的工作時間年紀輕輕就身體出問題，以及因為另一半不能充分理解的情況下，萌芽的感情無疾而蹤以及婚姻破裂。

## 說也說不完的內心話

寶貝，也許現在妳還不能完全理解，但是藉著這封寫給妳的信，媽咪除了要告訴妳殯葬業的辛苦之外，也想要在這裡跟妳道歉。雖然我盡力把可以陪伴妳的時間都充分利用，但是就像妳說的，跟別人的媽咪比較起來，我給妳的時間真的不夠。

我要謝謝妳的貼心懂事，妳總是能自己處理好學校及課業上的大大小小事，讓我可以無後顧之憂的忙碌，不必分心操煩妳的課業，甚至，現在妳還能當媽咪跟阿嬤的家事小幫手，也能在阿嬤不舒服時幫忙照顧阿嬤。有時候，看著妳小大人般的模樣，媽咪知道妳獨立負責、細心以及對身邊人的關心照顧，很符合從事殯葬業的基本人格特質。不過，不論妳只是童言童

語，還是未來真的有可能進入殯葬業，媽咪都希望妳現在能專注在課業學習上。殯葬業的生態已經在改變，媽咪小時候在妳外公經營的那個時代稱作「葬儀社」，而現在稱做「禮儀公司」；以前的業者穿著便服工作，現在的我們都是西裝筆挺，除了名稱與服裝的轉變之外，政府也開始對禮儀公司要求必須具備專業證照，而學識，將會是妳進入這個行業的基底。

寫著寫著，天快亮了，或許是最近接了幾個獨生子女獨立為父母治喪的案子，想到一樣同為獨生女的妳，以後也會面臨同樣的問題。我還有很多很多話想對妳說，找個時間，媽咪再慢慢寫下來，希望有一天，妳都能懂。

# 悲傷只能走過不能跳過──
## 告別事、告別式，師娘呂古萍眼中的人生大事

作　　　者／呂古萍
美 術 編 輯／八　張
封 面 設 計／申朗創意
攝　　　影／黃威博
梳　　　化／賈菲絲 Jarvis
責 任 編 輯／華　華
企畫選書人／賈俊國

總　編　輯／賈俊國
副 總 編 輯／蘇士尹
行 銷 企 畫／張莉滎・蕭羽猜

發　行　人／何飛鵬
法 律 顧 問／元禾法律事務所王子文律師
出　　　版／布克文化出版事業部
　　　　　　台北市中山區民生東路二段 141 號 8 樓
　　　　　　電話：(02)2500-7008　傳真：(02)2502-7676
　　　　　　Email：sbooker.service@cite.com.tw
發　　　行／英屬蓋曼群島商家庭傳媒股份有限公司城邦分公司
　　　　　　台北市中山區民生東路二段 141 號 B1
　　　　　　書蟲客服服務專線：(02)2500-7718；2500-7719
　　　　　　24 小時傳真專線：(02)2500-1990；2500-1991
　　　　　　劃撥帳號：19863813；戶名：書蟲股份有限公司
　　　　　　讀者服務信箱：service@readingclub.com.tw
香港發行所／城邦（香港）出版集團有限公司
　　　　　　香港灣仔駱克道 193 號東超商業中心 1 樓
　　　　　　電話：+852-2508-6231　　傳真：+852-2578-9337
　　　　　　Email：hkcite@biznetvigator.com
馬新發行所／城邦（馬新）出版集團 Cité (M) Sdn. Bhd.
　　　　　　41, Jalan Radin Anum, Bandar Baru Sri Petaling,
　　　　　　57000 Kuala Lumpur, Malaysia
　　　　　　電話：+603- 9057-8822　　傳真：+603- 9057-6622
　　　　　　Email：cite@cite.com.my
印　　　刷／卡樂彩色製版印刷有限公司
初　　　版／2019 年 10 月
售　　　價／新台幣 250 元
Ｉ Ｓ Ｂ Ｎ／978-986-5405-03-8

國家圖書館出版品預行編目 (CIP) 資料

悲傷只能走過不能跳過：告別事、告別式,師娘呂古萍眼中的人生大事 / 呂古
萍著 . -- 初版 . -- 臺北市：布克文化出版：家庭傳媒城邦分公司發行, 2019.08
　面；　公分
　ISBN 978-986-5405-03-8( 平裝 )

1. 殯葬業

489.66　　　　　　　　　　　　　　　　　　　　　　　　　108013025